딱정
벌레
나들이도감

세밀화로 그린 보리 산들바다 도감

딱정벌레 나들이도감 1

그림 옥영관
감수 강태화
글 강태화, 김종현

편집 김종현
자료 정리 정진이
기획실 김소영, 김용란
디자인 이안디자인
제작 심준엽
영업마케팅 김현정, 심규완, 양병희
영업관리 안명선
새사업부 조서연
경영지원실 노명아, 신종호, 차수민
분해와 출력·인쇄 (주)로얄프로세스
제본 (주)상지사 P&B

1판 1쇄 펴낸 날 2021년 4월 15일 | **1판 2쇄 펴낸 날** 2024년 7월 12일
펴낸이 유문숙
펴낸 곳 (주) 도서출판 보리
출판등록 1991년 8월 6일 제 9-279호
주소 (10881) 경기도 파주시 직지길 492
전화 (031)955-3535 / **전송** (031)950-9501
누리집 www.boribook.com **전자우편** bori@boribook.com

ⓒ 보리 2021
이 책의 내용을 쓰고자 할 때는 저작권자와 출판사의 허락을 받아야 합니다.
잘못된 책은 바꾸어 드립니다.
값 12,000원

보리는 나무 한 그루를 베어 낸 가치가 있는지 생각하며 책을 만듭니다.

ISBN 979-11-6314-189-1 06470 978-89-8428-890-4 (세트)

세밀화로 그린 보리 산들바다 도감

사슴벌레와 물방개 외 207종

딱정
벌레
나들이도감

그림 옥영관 | 감수 강태화 | 글 강태화, 김종현

곰보벌레과　　　　풍뎅이붙이과
딱정벌레과　　　　송장벌레과
물진드기과　　　　반날개과
자색물방개과　　　알꽃벼룩과
물방개과　　　　　사슴벌레과
물맴이과　　　　　사슴벌레붙이과
물땡땡이과

보리

일러두기

1. 이 책에는 우리나라에 사는 딱정벌레 207종이 실려 있습니다. 그림은 성신여대 자연사 박물관에 소장되어 있는 표본과 저자와 감수자가 가지고 있는 표본, 구입한 표본을 보고 그렸습니다. 딱정벌레 가운데 암컷과 수컷 생김새가 다르거나 색깔 변이가 있는 종은 가능한 모두 그렸습니다.

2. 딱정벌레는 분류 차례대로 실었습니다. 딱정벌레 이름과 학명, 분류는 저자 의견과 《한국 곤충 총 목록》(자연과 생태, 2010)을 따랐습니다.

3. 1부에는 딱정벌레 종 하나하나에 대한 생태와 생김새를 설명해 놓았습니다. 2부에는 딱정벌레에 대해 알아야 할 내용을 따로 정리해 놓았습니다.

4. 맞춤법과 띄어쓰기는 국립 국어원 누리집에 있는 《표준국어대사전》을 따랐습니다. 하지만 과 이름에는 사이시옷을 적용하지 않았고, 전문용어는 띄어쓰기를 하지 않았습니다.

   예. 멸종위기종, 종아리마디, 앞가슴등판

5. 몸길이는 머리부터 꽁무니까지 잰 길이입니다.

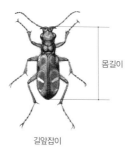

길앞잡이

6. 본문 보기

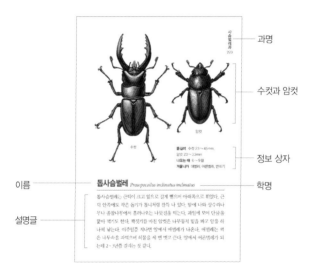

과명

수컷과 암컷

정보 상자

이름 —— **톱사슴벌레** *Prosopocoilus inclinatus inclinatus* —— 학명

설명글

사슴벌레과
223

암컷

몸길이 수컷 23~45mm,
암컷 23~33mm
나오는 때 6~9월
겨울나기 애벌레, 어른벌레, 번데기

수컷

톱사슴벌레는 큰턱이 크고 앞으로 길게 뻗으며 아래쪽으로 휘었다. 큰 턱 안쪽에도 작은 돌기가 톱니처럼 잔뜩 나 있다. 밤에 나와 상수리나무나 졸참나무에서 흘러나오는 나뭇진을 먹는다. 과일에 모여 단물을 빨아 먹기도 한다. 짝짓기를 마친 암컷은 나무둥치 밑을 파고 알을 하나씩 낳는다. 이듬해를 지나면 알에서 애벌레가 나온다. 애벌레는 썩은 나무속을 파먹으며 허물을 세 번 벗고 큰다. 알에서 어른벌레가 되는데 2~3년쯤 걸리는 것 같다.

딱정벌레
나들이도감
①

더 알아보기 228

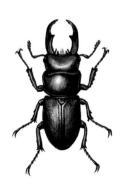

그림으로 찾아보기

곰보벌레과

곰보벌레 28

딱정벌레과

길앞잡이아과

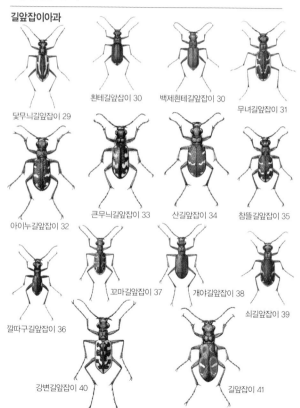

닻무늬길앞잡이 29

흰테길앞잡이 30

백제흰테길앞잡이 30

무녀길앞잡이 31

아이누길앞잡이 32

큰무늬길앞잡이 33

산길앞잡이 34

참뜰길앞잡이 35

깔따구길앞잡이 36

꼬마길앞잡이 37

개야길앞잡이 38

쇠길앞잡이 39

강변길앞잡이 40

길앞잡이 41

가슴먼지벌레아과

애가슴먼지벌레 42

중국먼지벌레 43

노랑선두리먼지벌레 44

검정가슴먼지벌레 45

조롱박먼지벌레아과

조롱박먼지벌레 46

가는조롱박먼지벌레 47

큰조롱박먼지벌레 48

애조롱박먼지벌레 49

딱정벌레붙이아과

딱정벌레붙이 50

강변먼지벌레아과

모라비치강변먼지벌레 51

습지먼지벌레아과

습지먼지벌레 52

길쭉먼지벌레아과

한국길쭉먼지벌레 53

큰먼지벌레 54

수도길쭉먼지벌레 55

큰긴먼지벌레 56

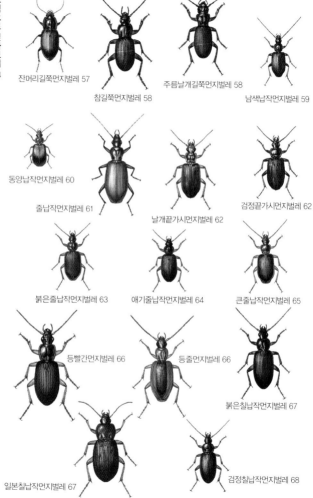

잔머리길쭉먼지벌레 57

참길쭉먼지벌레 58

주름날개길쭉먼지벌레 58

남색납작먼지벌레 59

동양납작먼지벌레 60

줄납작먼지벌레 61

날개끝가시먼지벌레 62

검정끝가시먼지벌레 62

붉은줄납작먼지벌레 63

애기줄납작먼지벌레 64

큰줄납작먼지벌레 65

등빨간먼지벌레 66

등줄먼지벌레 66

붉은칠납작먼지벌레 67

일본칠납작먼지벌레 67

검정칠납작먼지벌레 68

먼지벌레아과

밑빠진먼지벌레 69

점박이먼지벌레 70

먼지벌레 71

애먼지벌레 72

머리먼지벌레 73

가는청동머리먼지벌레 74

검은머리먼지벌레 75

가슴털머리먼지벌레 76

씨앗머리먼지벌레 77

알락머리먼지벌레 79

수염머리먼지벌레 78

중국머리먼지벌레 80

꼬마머리먼지벌레 81

노란목좁쌀애먼지벌레 83

흑가슴좁쌀먼지벌레 85

긴머리먼지벌레 82

초록좁쌀먼지벌레 84

둥글먼지벌레아과

민둥글먼지벌레 86

어리둥글먼지벌레 87

큰둥글먼지벌레 88

사천둥글먼지벌레 89

애기둥글먼지벌레 90

우수리둥글먼지벌레 91

무늬먼지벌레아과

잔노랑테먼지벌레 92

줄먼지벌레 93

멋무늬먼지벌레 94

외눈박이먼지벌레 95

노랑테먼지벌레 96

끝무늬녹색먼지벌레 97

쌍무늬먼지벌레 98

큰노랑테먼지벌레 99

풀색먼지벌레 100

왕쌍무늬먼지벌레 101

남방무늬먼지벌레 102

미륵무늬먼지벌레 103

끝무늬먼지벌레 104

모래사장먼지벌레아과

네눈박이먼지벌레아과

모래사장먼지벌레 105

큰털보먼지벌레 106

네눈박이먼지벌레 107

작은네눈박이먼지벌레 108

목대장먼지벌레아과

산목대장먼지벌레 109

목대장먼지벌레 110

십자무늬먼지벌레아과

육모먼지벌레 111

녹색먼지벌레 112

노랑머리먼지벌레 113

쌍점박이먼지벌레 114

팔점박이먼지벌레 115

납작선두리먼지벌레 116

석점선두리먼지벌레 117

노랑가슴먼지벌레 118

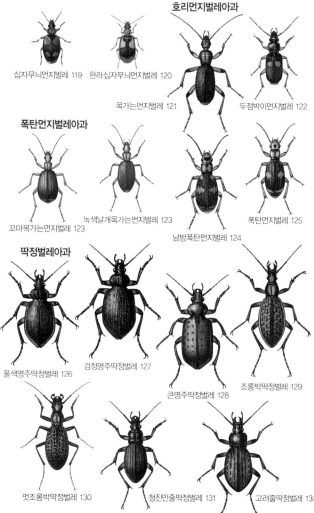

십자무늬먼지벌레 119 한라십자무늬먼지벌레 120

호리먼지벌레아과

목가는먼지벌레 121

두점박이먼지벌레 122

폭탄먼지벌레아과

꼬마목가는먼지벌레 123

녹색날개목가는먼지벌레 123

남방폭탄먼지벌레 124

폭탄먼지벌레 125

딱정벌레아과

풀색명주딱정벌레 126

검정명주딱정벌레 127

큰명주딱정벌레 128

조롱박딱정벌레 129

멋조롱박딱정벌레 130

청진민줄딱정벌레 131

고려줄딱정벌레 13

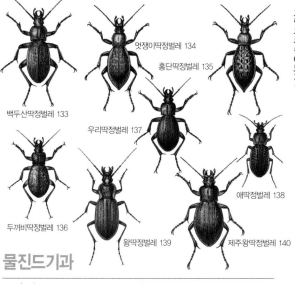

백두산딱정벌레 133

멋쟁이딱정벌레 134

홍단딱정벌레 135

우리딱정벌레 137

두꺼비딱정벌레 136

왕딱정벌레 139

애딱정벌레 138

제주왕딱정벌레 140

물진드기과

극동물진드기 141

물진드기 144

샤아프물진드기 142

중국물진드기 145

알락물진드기 143

자색물방개과

자색물방개 146

노랑띠물방개 147

물방개과

큰땅콩물방개 148

땅콩물방개 149

검정땅콩물방개 150

애등줄물방개 151

검정물방개 152

물방개 153

동쪽애물방개 154

잿빛물방개 155

아담스물방개 156

꼬마물방개 157

줄무늬물방개 158

꼬마줄물방개 159

알물방개 160

큰알락물방개 161

모래무지물방개 162

깨알물방개 163

혹외줄물방개 164

애기물방개 165

물맴이과

참물맴이 166

물맴이 167

왕물맴이 168

물땡땡이과

물땡땡이아과

알물땡땡이 169

뒷가시물땡땡이 170

점박이물땡땡이 171

애넓적물땡땡이 172

잔물땡땡이 173

북방물땡땡이 174

물땡땡이 175

남방물땡땡이 176

점물땡땡이 177

애물땡땡이 178

풍뎅이붙이과

풍뎅이붙이아과

아무르납작풍뎅이붙이 179

풍뎅이붙이 180

송장벌레과

송장벌레아과

곰보송장벌레 181

좀송장벌레 182

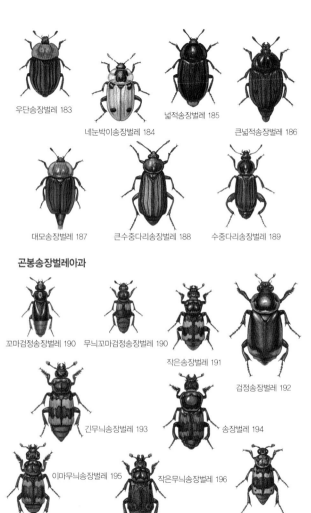

우단송장벌레 183

네눈박이송장벌레 184

넓적송장벌레 185

큰넓적송장벌레 186

대모송장벌레 187

큰수중다리송장벌레 188

수중다리송장벌레 189

곤봉송장벌레아과

꼬마검정송장벌레 190

무늬꼬마검정송장벌레 190

작은송장벌레 191

검정송장벌레 192

긴무늬송장벌레 193

송장벌레 194

이마무늬송장벌레 195

작은무늬송장벌레 196

넉점박이송장벌레 197

반날개과

바수염반날개아과

홍딱지바수염반날개 198

바수염반날개 199

투구반날개아과

투구반날개 200

입치레반날개아과

극동입치레반날개 201

큰입치레반날개 202

개미반날개아과

곳체개미반날개 203

청딱지개미반날개 204

개미사돈아과

개미사돈 205

반날개아과

왕붉은딱지반날개 206

왕반날개 207

좀반날개 208

해변반날개 209

딱부리반날개아과

구리딱부리반날개 210

알꽃벼룩과

알꽃벼룩 211

사슴벌레과

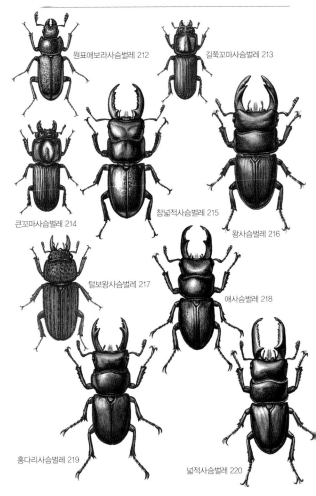

원표애보라사슴벌레 212

길쭉꼬마사슴벌레 213

큰꼬마사슴벌레 214

참넓적사슴벌레 215

왕사슴벌레 216

털보왕사슴벌레 217

애사슴벌레 218

홍다리사슴벌레 219

넓적사슴벌레 220

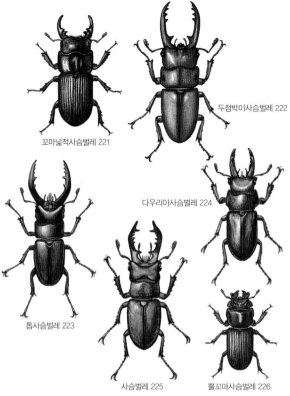

꼬마넓적사슴벌레 221

두점박이사슴벌레 222

다우리아사슴벌레 224

톱사슴벌레 223

사슴벌레 225

뿔꼬마사슴벌레 226

사슴벌레붙이과

사슴벌레붙이 227

우리 땅에 사는 딱정벌레

곰보벌레과

딱정벌레과

물진드기과

자색물방개과

물방개과

물맴이과

물땡땡이과

풍뎅이붙이과

송장벌레과

반날개과

알꽃벼룩과

사슴벌레과

사슴벌레붙이과

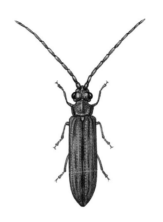

몸길이 9〜17mm
나오는 때 7〜8월
겨울나기 어른벌레

곰보벌레 *Tenomerga anguliscutus*

곰보벌레는 머리에 혹처럼 생긴 돌기가 3쌍 있다. 더듬이는 11마디다. 중부 지방 들이나 산에 자라는 잎 지는 넓은잎나무 썩은 나무껍질 밑에 산다. 어른벌레는 7~8월에 볼 수 있다. 나무껍질 밑에 숨어서 낮에는 보이지 않지만, 한여름 밤에 불빛에 날아오기도 한다. 손으로 만지면 더듬이를 쭉 뻗고 죽은 체 한다. 어른벌레로 겨울을 난다. 곰보벌레과는 온 세계에 20종쯤 살고, 우리나라에는 1종만 산다. 딱정벌레 가운데 가장 원시적인 무리다.

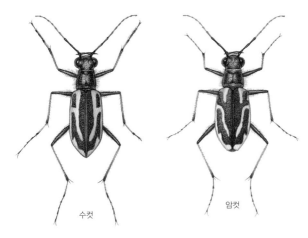

수컷

암컷

길앞잡이아과
몸길이 10~15mm
나오는 때 7~8월
겨울나기 애벌레

닻무늬길앞잡이 *Cicindela anchoralis punctatissima*

딱지날개에 있는 하얀 무늬가 마치 배에 달린 닻처럼 생겼다고 닻무늬
길앞잡이이다. 우리나라 서해 바닷가 모래밭에서 아주 드물게 볼 수 있
는 멸종위기종이다. 어른벌레는 7~8월에 나와 돌아다닌다. 수컷은 딱
지날개 끝이 뾰족하고, 암컷은 안쪽으로 오므라들었다. 애벌레는 모
래밭에 굴을 파고 들어가 살면서, 굴 둘레를 지나가는 작은 벌레를 잡
아먹는다.

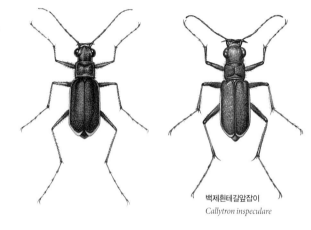

백제흰테길앞잡이
Callytron inspeculare

길앞잡이아과
몸길이 9〜12mm
나오는 때 6〜8월
겨울나기 애벌레, 어른벌레

흰테길앞잡이 *Cicindela inspeculare*

흰테길앞잡이는 딱지날개 가장자리를 따라 하얀 테두리가 있다. 몸이
아주 가늘기 때문에 다리가 아주 길어 보인다. 바닷가 갯벌이나 소금밭
에서 볼 수 있다. 서해에 있는 섬에 많이 산다. 질척질척하거나 물기가
있는 땅 위를 재빠르게 돌아다니며 파리 같은 작은 벌레를 잡아먹는다.
밤에 불빛을 보고 날아오기도 한다. 애벌레는 갯벌에 굴을 파고 들어가
산다. 백세흰테길앞잡이는 하얀 테두리가 딱지날개 위쪽에는 없고, 아
래쪽까지 뚜렷하게 이어지지 않아서 흰테길앞잡이와 다르다.

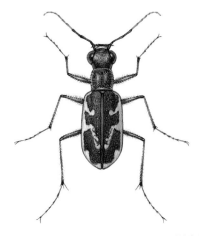

길앞잡이아과
몸길이 11 ~ 15mm
나오는 때 6 ~ 10월
겨울나기 애벌레, 어른벌레

무녀길앞잡이 *Cephalota chiloleuca*

무녀길앞잡이는 서해에 있는 섬인 무녀도에서 2005년에 처음 발견되었다. 바닷가 소금밭이나 개펄에서 6 ~ 10월에 볼 수 있다. 낮에 아주 재빠르게 돌아다니면서 소금밭이나 개펄에 사는 작은 벌레를 잡아먹는다. 섬에서는 꼬마길앞잡이와 함께 보이기도 한다.

길앞잡이아과
몸길이 16~17mm
나오는 때 4~6월, 늦가을
겨울나기 애벌레, 어른벌레

아이누길앞잡이 *Cicindela gemmata*

아이누길앞잡이는 딱지날개 가운데에 있는 띠무늬가 여러 가지 모양을 띠지만, 산길앞잡이나 큰무늬길앞잡이처럼 딱지날개 가두리까지 미치지 않는다. 참뜰길앞잡이보다 크고 딱지날개 무늬가 더 작다. 5~9월에 산골짜기 물가 둘레에 있는 풀밭이나 산 길가, 밭에서 산다. 아주 흔하게 볼 수 있는데, 5월에 가장 많이 볼 수 있다. 어른벌레는 사는 곳 둘레를 이리저리 돌아다니며 개미처럼 땅 위를 기어 다니는 작은 곤충 따위를 잡아먹는다.

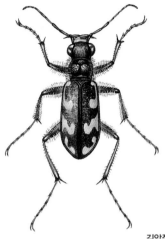

길앞잡이아과
몸길이 15 ~ 18mm
나오는 때 5 ~ 10월
겨울나기 애벌레, 어른벌레

큰무늬길앞잡이 *Cicindela lewisi*

큰무늬길앞잡이는 딱지날개 어깨와 가운데, 날개 끝에 있는 누르스
름한 무늬들이 크고 굵다. 어깨와 날개 끝에 있는 무늬는 끊어지지 않
고 'ㄷ'자처럼 생겼다. 몸 아랫면과 다리, 더듬이 뿌리 쪽에 있는 네 마
디는 쇠붙이처럼 빛나는 풀빛이다. 서해와 남해 바닷가 모래밭에서 산
다. 5월부터 10월까지 볼 수 있다. 모래밭을 이리저리 돌아다니며 작은
곤충을 잡아먹는다. 요즘에는 바닷가 모래밭이 망가져 살 수 있는 곳
이 줄어들어 수가 많이 줄었다.

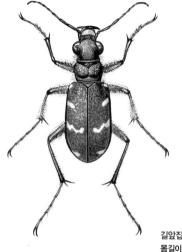

길앞잡이아과
몸길이 15~20mm
나오는 때 7~10월
겨울나기 애벌레, 어른벌레

산길앞잡이 *Cicindela sachalinensis raddei*

산길앞잡이는 경기도와 강원도 높은 산에서 드물게 볼 수 있다. 우리나라 길앞잡이 가운데 가장 높은 산에서 산다. 산을 깎은 곳이나 도로, 등산길 둘레에서 볼 수 있다. 한낮에 기운차게 돌아다니며 작은 벌레를 잡아먹는다. 딱지날개에 있는 누런 무늬를 빼면 '아이누길앞잡이'와 닮았다. 높은 곳에 사는 산길앞잡이 중에는 풀빛이 도는 변이도 나타난다. 애벌레나 어른벌레로 겨울을 나고, 이듬해 4월쯤에 번데기가 된다.

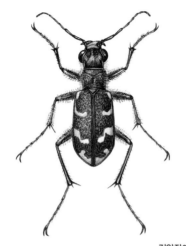

길앞잡이아과
몸길이 10〜14mm
나오는 때 4〜6월, 늦가을
겨울나기 어른벌레

참뜰길앞잡이 *Cicindela transbaicalica*

참뜰길앞잡이는 온 나라 강가, 냇가 자갈밭이나 모래밭, 바닷가 모래
밭에서 산다. 늦가을까지 볼 수 있는데, 봄에 수가 많기 때문에 더 쉽
게 볼 수 있다. 따뜻한 곳에서는 3월부터 볼 수 있다. 어른벌레는 모래
밭을 이리저리 돌아다니면서 깔따구나 개미, 나방 애벌레 같은 작은
곤충을 잡아먹는다. 우리나라에는 뜰길앞잡이 아종이 2종 살고 있다.
딱지날개 어깨를 둘러싼 반점이 세로로 이어지면 '참뜰길앞잡이'고,
중간이 끊겨 무늬가 두 개처럼 보이면 '뜰길앞잡이'다.

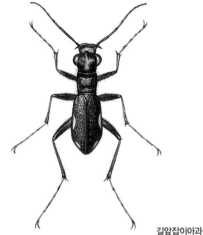

길앞잡이아과
몸길이 10 ~ 12mm
나오는 때 7 ~ 8월
겨울나기 애벌레, 어른벌레

깔따구길앞잡이 *Cicindela gracilis*

깔따구길앞잡이는 딱지날개 무늬에 변이가 있어서 붉은색을 띠기도
하고, 누르스름한 색깔을 띠기도 한다. 강원도 몇몇 산에서는 붉은색
무늬가 없는 것만 보인다. 낮은 산 산길 둘레에서 7 ~ 8월에 드물게 볼
수 있다. 또 논둑이나 물둑과 풀밭 사이에 있는 맨땅에서 빠르게 걸어
다니는 것이 발견되기도 한다. 뒷날개가 퇴화해서 날지는 못하고, 땅
위를 아주 빠르게 이리저리 돌아다니면서 개미 따위를 잡아먹는다.

길앞잡이아과
몸길이 8 ~ 11mm
나오는 때 6 ~ 9월
겨울나기 애벌레, 어른벌레

꼬마길앞잡이 *Cicindela elisae*

꼬마길앞잡이는 길앞잡이 무리 가운데 크기가 작아서 '꼬마'라는 이름
이 붙었다. 딱지날개에 가는 띠무늬가 있다. 온 나라 바닷가 갯벌이나
염전, 강가에 떼 지어 산다. 낮에 나와 가늘고 긴 다리로 땅 위를 재빠
르게 돌아다닌다. 사람이 가까이 다가가면 한꺼번에 파리 떼처럼 날아
오르기도 한다. 밤에 불빛에도 잘 날아온다.

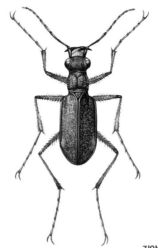

길앞잡이아과
몸길이 12mm 안팎
나오는 때 6~7월
겨울나기 애벌레, 어른벌레

개야길앞잡이 *Callytron brevipilosum*

우리나라 강원도 홍천군 개야리에서 처음 찾았기 때문에 '개야'라는
이름이 붙었다. 지금은 사는 곳이 많이 줄어들어 아주 보기 힘들다.
충북 옥천군 금강 모래밭과 둘레에 있는 강가에서 볼 수 있다. 애벌레
역시 물기가 많은 모래에 굴을 파고 속에 들어가 살면서, 둘레를 지나
가는 작은 벌레를 잡아먹는다. 요즘에는 강가 모래밭이 망가져 살 수
있는 곳이 줄어 수가 더 줄어들고 있다.

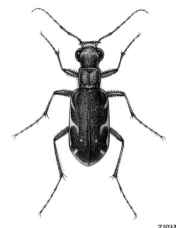

길앞잡이아과
몸길이 12mm 안팎
나오는 때 6~8월
겨울나기 애벌레, 어른벌레

쇠길앞잡이 *Cicindela speculifera*

쇠길앞잡이는 꼬마길앞잡이와 생김새가 닮았지만 몸이 더 가늘고 길쭉하다. 또 딱지날개 가운데에 있는 가는 띠무늬가 끊어져 있다. 남쪽지방 들판에 흐르는 냇가, 강가 모래밭에서 살면서 작은 벌레를 잡아먹는다. 밤에 불빛을 보고 날아오기도 한다. 잡아서 냄새를 맡아 보면 사향 냄새가 알싸하게 난다.

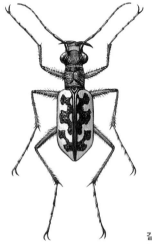

길앞잡이아과
몸길이 15~17mm
나오는 때 7~9월
겨울나기 애벌레, 어른벌레

강변길앞잡이 *Cicindela laetescripta*

강변길앞잡이는 이름처럼 강가 모래밭에서 산다. 몸은 푸르스름한 검은색인데, 앞가슴등판은 반짝거리는 청자색이다. 더듬이 첫 네 마디, 몸 아랫면, 다리는 금속처럼 반짝거리는 녹색인데 다리 밑마디, 도래마디, 발목마디는 빨갛다. 낮부터 해 질 녘까지 모래밭을 이리저리 재빠르게 돌아다니면서 작은 벌레를 잡아먹는다. 딱지날개 무늬가 모래 빛깔이랑 닮아서 잘 눈에 띄지 않는다.

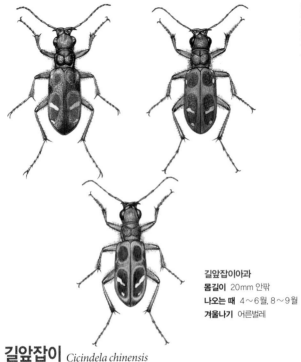

길앞잡이아과
몸길이 20mm 안팎
나오는 때 4~6월, 8~9월
겨울나기 어른벌레

길앞잡이 *Cicindela chinensis*

길앞잡이는 산길과 산속 밭 둘레에서 흔히 볼 수 있다. 사람 앞에서 길을 안내하듯 날기 때문에 '길앞잡이'라는 이름이 붙었다. 길앞잡이 무리 가운데 몸집이 가장 크고, 몸 빛깔이 아주 알록달록하다. 어른벌레는 봄부터 가을까지 나오는데 5월에 가장 많이 볼 수 있다. 땅 위를 여기저기 돌아다니면서 개미나 나방, 나방 애벌레 같은 작은 벌레를 잡아먹는다. 어른벌레가 되는 데 2년이 걸린다.

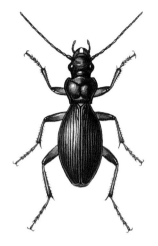

가슴먼지벌레아과
몸길이 9～10mm
나오는 때 6～9월
겨울나기 모름

애가슴먼지벌레 *Leistus niger niger*

애가슴먼지벌레는 온몸이 까맣지만 다리는 검은 밤색이다. 앞가슴등
판이 양쪽에서 둥글게 넓어지다가 뒤쪽으로 갑자기 좁아져 심장꼴로
생겼다. 앞가슴등판 가운데는 홈이 나 있고 그 양옆으로 둥글게 솟았
다. 딱지날개는 긴 타원형으로 생겼고 세로로 홈이 난 줄이 8개씩 있
다. 사는 모습은 더 밝혀져야 한다.

가슴먼지벌레아과
몸길이 12 ~ 15mm
나오는 때 3 ~ 11월
겨울나기 어른벌레

중국먼지벌레 *Nebria chinensis chinensis*

중국먼지벌레는 몸은 까만데 더듬이와 다리는 붉은 밤색이나 누런 밤색이다. 겹눈 사이에는 빨간 점이 한 쌍 있다. 앞가슴등판은 길이보다 폭이 더 넓다. 옆 가장자리는 둥글다. 온 나라에서 볼 수 있다. 낮은 산 둘레에 있는 돌 밑이나 가랑잎 밑에서 산다. 밤에 나와 돌아다니며 흙에 사는 작은 곤충을 잡아먹거나 죽은 곤충을 먹는다. 날씨가 추워지면 썩은 나무속에서 어른벌레로 겨울을 난다.

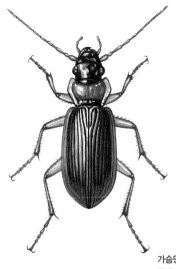

가슴먼지벌레아과
몸길이 13~17mm
나오는 때 3~9월
겨울나기 애벌레, 어른벌레

노랑선두리먼지벌레 *Nebria livida angulata*

노랑선두리먼지벌레는 더듬이, 앞가슴등판, 다리, 딱지날개 가장자리
가 붉은 밤색이다. 강가나 들판에 있는 축축한 땅이나 나무 밑에서 산
다. 가끔 높은 산에서 보이기도 한다. 온 나라에서 제법 흔하게 볼 수
있다. 납작한 몸으로 돌 밑에 숨어 있다가 밤에 나와 둘레를 돌아다니
면서 작은 벌레를 잡아먹거나 죽은 곤충을 먹는다. 가을밤에는 불빛
을 보고 날아오기도 한다. 10월에는 돌 밑이나 흙 속에 방을 만들고 겨
울을 날 준비를 한다. 어른벌레로 겨울을 난다.

가슴먼지벌레아과
몸길이 9～12mm
나오는 때 5～11월
겨울나기 모름

검정가슴먼지벌레 *Nebria ochotica*

검정가슴먼지벌레는 온몸이 연한 광택이 있는 검은색이다. 앞가슴등 판은 길이보다 폭이 넓고, 양쪽 가장자리는 둥글며 뒤쪽으로 폭이 좁 아져 심장꼴로 생겼다. 앞가슴등판 뒤쪽 가장자리 쪽에는 'ㅅ'자 모양 으로 눌린 부위가 2개 있다. 딱지날개에는 세로로 난 홈 줄이 7개씩 있 으며, 전체적으로 평평하다.

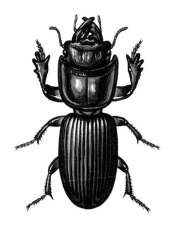

조롱박먼지벌레아과
몸길이 15~20mm
나오는 때 '6~10월
겨울나기 모름

조롱박먼지벌레 *Scarites aterrimus*

조롱박먼지벌레는 중부와 남부, 제주도 바닷가 모래밭에서 산다. 6~10월까지 볼 수 있다. 큰조롱박먼지벌레와 같은 곳에서 볼 수 있는데 수가 훨씬 더 많다. 큰조롱박먼지벌레와 닮았지만, 조롱박먼지벌레는 앞가슴등판 앞쪽 모서리가 심하게 튀어나오고, 배가 더 짧다. 큰조롱박먼지벌레처럼 밤에 나와 바닷가 모래밭을 이리저리 돌아다니며 먹이를 잡아먹는다. 앞다리 종아리마디에는 날카로운 돌기가 3~5개 있어서 땅을 잘 파고 다닌다.

조롱박먼지벌레아과
몸길이 17～22m
나오는 때 5～10월
겨울나기 모름

가는조롱박먼지벌레 *Scarites acutidens*

가는조롱박먼지벌레는 가슴과 배가 이어지는 곳이 잘록하다. 앞가슴
등판 앞쪽 모서리가 앞으로 툭 튀어나왔다. 종아리마디에는 뾰족한 돌
기가 5개 있다. 서해와 남해 바닷가 모래밭에서 산다. 고운 모래가 있
는 강가나 골짜기에서도 볼 수 있다. 낮에는 모래 속에 숨어 있다가 밤
에 나와 돌아다니면서 작은 벌레를 잡아먹는다. 위험을 느끼면 꼼짝
않고 죽은 척한다.

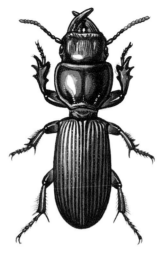

조롱박먼지벌레아과
몸길이 28∼38mm
나오는 때 5∼10월
겨울나기 모름

큰조롱박먼지벌레 *Scarites sulcatus*

큰조롱박먼지벌레는 바닷가 모래 언덕에서 산다. 5∼10월에 볼 수 있다. 모래밭에 사는 딱정벌레 가운데 몸집이 가장 크다. 앞가슴등판과 가운뎃가슴등판 사이는 개미허리처럼 잘록하다. 낮에는 모래 속이나 널빤지, 돌 밑에 구멍을 파고 숨어 지낸다. 앞다리가 땅강아지처럼 넓적하고 돌기가 3개 있어 땅을 아주 잘 판다. 밤에 나와 돌아다니며 큰 턱으로 삭은 벌레를 잡아먹는다. 때로는 사람들이 버린 음식물 쓰레기나 죽은 동물도 먹는 잡식성 곤충이다.

조롱박먼지벌레아과
몸길이 8mm 안팎
나오는 때 7월쯤
겨울나기 모름

애조롱박먼지벌레 *Clivina castanea*

애조롱박먼지벌레는 온몸이 검은색이고, 딱지날개는 밤빛이 돌며 번쩍거린다. 다리와 더듬이는 붉은 밤색이다. 앞다리 종아리마디에는 이빨처럼 생긴 돌기가 3개 있다. 다른 조롱박먼지벌레보다 머리 폭이 좁아서 다르다. 낮은 산이나 들판에서 산다. 밤이 되면 나와서 땅 위를 돌아다니며 먹이를 찾는다.

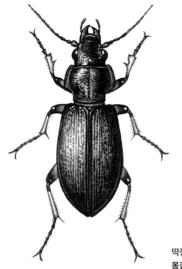

딱정벌레붙이아과
몸길이 20〜24mm
나오는 때 4〜9월
겨울나기 애벌레

딱정벌레붙이 *Craspedonotus tibialis*

딱정벌레붙이는 더듬이 첫 마디만 붉은 밤색이고 나머지는 까맣다. 앞
가슴등판 앞쪽 가장자리는 폭이 넓다가 중간 뒤쪽으로 갑자기 좁아진
다. 다리 종아리마디만 누런 잿빛이다. 바닷가 모래밭에서 많이 살고,
강가 모래밭에서도 볼 수 있다. 낮에는 모래 속에 있다가 밤에 나와 돌
아다니며 작은 벌레를 잡아먹거나 죽은 곤충을 먹는다. 모래 속에서
애벌레로 겨울을 난다. 이른 봄 모래 속에서 입에서 실을 뽑아 둥그런
고치를 만들어 번데기가 된다. 6월 초에 어른벌레가 된다.

강변먼지벌레아과
몸길이 4mm 안팎
나오는 때 2~7월
겨울나기 어른벌레

모라비치강변먼지벌레 *Bembidion morawitzi*

모라비치강변먼지벌레는 딱지날개 어깨와 뒤쪽에 누런 무늬 2쌍이 마주 나 있다. 그래서 '네눈박이강변먼지벌레'라고도 했다. 이름처럼 강가 모래밭 둘레에서 볼 수 있다. 날씨가 추워지면 여러 마리가 모래밭 속에 모여 겨울잠을 잔다.

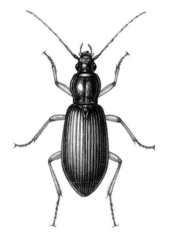

습지먼지벌레아과
몸길이 15mm 안팎
나오는 때 5〜6월
겨울나기 모름

습지먼지벌레 *Patrobus flavipes*

습지먼지벌레는 온몸이 검은색으로 반짝거린다. 더듬이와 다리는 붉은 밤색이다. 머리와 앞가슴에는 점무늬가 여기저기 나 있다. 딱지날개에는 세로줄 홈이 뚜렷이 나 있다. 논 둘레에 있는 축축한 땅에서 산다. 일 년 내내 볼 수 있다. 밤에 나와서 작은 벌레나 지렁이 따위를 잡아먹는다. 9월 말부터 10월 초에 짝짓기를 하고 알을 낳는다.

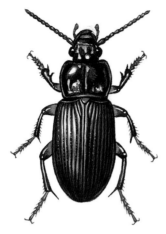

길쭉먼지벌레아과
몸길이 20mm 안팎
나오는 때 6~8월
겨울나기 어른벌레

한국길쭉먼지벌레 *Trigonognatha coreana*

한국길쭉먼지벌레는 온몸은 까맣지만 딱지날개는 보랏빛이 돌면서 반짝거린다. 앞가슴등판이 네모나다. 낮은 산 축축한 가랑잎 밑이나 이끼가 많은 곳에서 산다. 먼지벌레 무리 가운데 몸집이 크다. 중부 지방에서 6~8월에 볼 수 있다. 밤에 나와 돌아다니며 벌레나 지렁이 따위를 잡아먹는다. 어른벌레로 겨울을 난다.

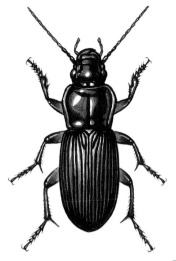

길쭉먼지벌레아과
몸길이 23mm 안팎
나오는 때 7~8월
겨울나기 어른벌레

큰먼지벌레 *Lesticus magnus*

큰먼지벌레는 온몸이 검은색으로 반짝거린다. 딱지날개는 길쭉하고
세로로 난 홈 줄이 10개씩 나 있다. 중부와 남부, 제주도에서 볼 수 있
다. 먼지벌레 가운데 몸집이 크다. 들판과 산에 쌓인 가랑잎 밑에서 살
며 어른벌레로 겨울을 난다. 6~7월에 가장 많이 볼 수 있다.

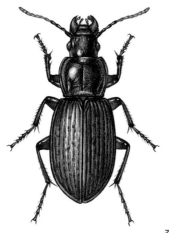

길쭉먼지벌레아과
몸길이 15～22mm
나오는 때 6～9월
겨울나기 모름

수도길쭉먼지벌레 *Pterostichus audax*

수도길쭉먼지벌레는 온몸이 검은색으로 반짝거린다. 다리는 붉은 밤
색이다. 앞가슴등판은 살짝 볼록하고 심장꼴로 생겼고, 앞 가장자리
는 조금 둥글게 튀어나왔다. 딱지날개는 평평하다.

길쭉먼지벌레아과
몸길이 10mm 안팎
나오는 때 6월쯤부터
겨울나기 모름

큰긴먼지벌레 *Pterostichus fortis*

큰긴먼지벌레는 온몸이 까만색으로 빛난다. 다리나 더듬이, 작은턱수염, 아랫입술수염 따위가 개체에 따라 색변이가 있어서 밤색이나 누런색인 것도 있다.

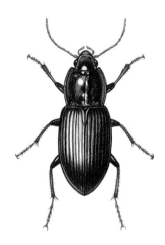

길쭉먼지벌레아과
몸길이 10mm 안팎
나오는 때 5〜8월
겨울나기 모름

잔머리길쭉먼지벌레 *Pterostichus microcephalus*

잔머리길쭉먼지벌레는 온몸이 검은색으로 반짝거리는데, 딱지날개가 구릿빛이 돌기도 한다. 다리와 더듬이, 수염은 붉은 밤색이다. 앞가슴 등판 앞쪽 옆이 길고 날카롭게 튀어나왔다. 딱지날개는 타원형으로 길고 점무늬가 뚜렷하게 나 있다. '잔머리먼지벌레'라고도 한다.

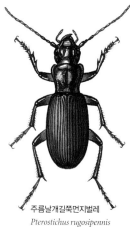

주름날개길쭉먼지벌레
Pterostichus rugosipennis

길쭉먼지벌레아과
몸길이 14~18mm
나오는 때 모름
겨울나기 모름

참길쭉먼지벌레 *Pterostichus prolongatus*

참길쭉먼지벌레는 몸이 까맣고 살짝 반짝거린다. 앞가슴등판 뒤쪽 모서리는 둥글며, 가운데 부근에 초승달처럼 생긴 얕은 홈이 있다. 딱지날개에 세로로 난 홈 줄이 뚜렷하게 나 있다. 제주도에서 볼 수 있다. 애벌레와 어른벌레 모두 다른 곤충이나 지렁이, 달팽이 같은 연체동물을 잡아먹는다. 어른벌레는 썩은 나무 밑에 숨어 있다.

길쭉먼지벌레아과
몸길이 8～9mm
나오는 때 5～10월
겨울나기 모름

남색납작먼지벌레 *Dicranoncus femoralis*

남색납작먼지벌레는 몸이 푸른빛이고 쇠붙이처럼 반짝거린다. 더듬이와 다리 종아리마디 밑쪽은 누런 밤색이다. 몸은 납작하고 평평한데, 앞가슴등판은 좁은 타원형으로 생겼고, 딱지날개는 긴 타원형이다.

길쭉먼지벌레아과
몸길이 6~8mm
나오는 때 5~8월
겨울나기 모름

동양납작먼지벌레 *Euplynes batesi*

동양납작먼지벌레는 온몸은 누런 밤색인데, 딱지날개 뒤쪽으로 까만 무늬가 있다. 몸은 납작하고 평평하다. 겹눈은 상대적으로 크고, 앞가 슴등판은 가로로 긴 타원형이다. 딱지날개 양쪽 가장자리는 서로 거 의 평행하다가 뒤쪽으로 둥글다. 주로 나뭇잎에서 살면서 나뭇잎을 먹 는 다른 작은 벌레를 잡아먹는다.

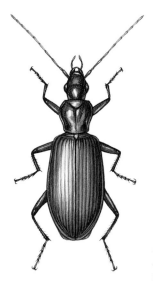

길쭉먼지벌레아과
몸길이 17mm 안팎
나오는 때 7 ~ 10월
겨울나기 모름

줄납작먼지벌레 *Colpodes adonis*

줄납작먼지벌레는 딱지날개가 파란색으로 반짝거린다. 앞가슴등판은
불그스름한 구릿빛이 돈다. 다리는 거무스름하다.

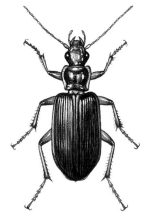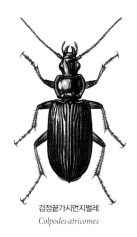

검정끝가시먼지벌레
Colpodes atricomes

길쭉먼지벌레아과
몸길이 10 ~ 13mm
나오는 때 5 ~ 10월
겨울나기 어른벌레

날개끝가시먼지벌레 *Colpodes buchanani*

날개끝가시먼지벌레는 딱지날개가 구릿빛이 도는 풀빛으로 반짝거리고, 가장자리는 붉은 밤색이다. 딱지날개에 세로줄이 8개씩 나 있다. 딱지날개 끄트머리는 가시처럼 뾰족하게 좁아진다. 검정끝가시먼지벌레는 온몸이 까맣다. 들판이나 낮은 산 축축한 곳이나 물가에서 산다. 이른 봄부터 가을까지 볼 수 있다. 어른벌레는 나무 위나 꽃에서도 쉽게 볼 수 있다. 위험할 때는 꽁무니에서 고약한 냄새를 풍겨 적을 쫓는다. 밤에 불빛을 보고 잘 날아온다. 땅속에서 어른벌레로 겨울을 난다.

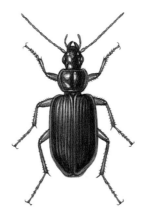

길쭉먼지벌레아과
몸길이 10mm 안팎
나오는 때 8월쯤
겨울나기 모름

붉은줄납작먼지벌레 *Agonum lampros*

붉은줄납작먼지벌레는 온몸이 반짝거린다. 머리는 짙은 붉은 밤색이고 매끈하다. 더듬이와 다리는 붉은 밤색이거나 누런 밤색이다. 앞가슴등판은 둥근데 가운데는 볼록하고 겉이 살짝 주름져 있으며 앞가슴등판 가운데는 짙은 붉은 밤색이다. 앞가슴등판 옆쪽 가두리는 넓게 늘어났다. 딱지날개는 풀빛으로 반짝거리고 테두리는 붉은 밤색이다. 딱지날개에는 세로로 난 홈 줄이 7개씩 있으며, 홈 줄 사이는 살짝 튀어나왔다. 나무 위에서 살며 뒷날개로 잘 날아다닌다.

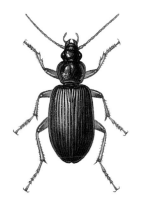

길쭉먼지벌레아과
몸길이 9~10mm
나오는 때 모름
겨울나기 모름

애기줄납작먼지벌레 *Agonum speculator*

애기줄납작먼지벌레는 온몸이 짙은 녹색이지만 검은색으로 반짝거린
다. 머리 앞쪽은 뾰족한 삼각형이다. 앞가슴등판은 작고 길이에 비해
폭이 좁으며, 앞쪽 폭이 뒤쪽 폭보다 넓어 뒤쪽으로 강하게 좁아지는
느낌이 있다. 딱지날개는 양쪽 가장자리가 나란하다가, 뒤쪽에서 둥글
게 좁아진다. 세로로 난 홈 줄은 뚜렷하고 그 사이가 살짝 튀어나왔다.
풀밭이나 산에서 살면서 다른 작은 곤충을 잡아먹는다.

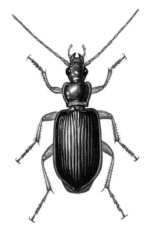

길쭉먼지벌레아과
몸길이 8 ~ 10mm
나오는 때 7 ~ 9월
겨울나기 어른벌레

큰줄납작먼지벌레 *Agonum sylphis stichai*

큰줄납작먼지벌레는 산골짜기 둘레에서 산다. 흙 속이나 가랑잎 밑에서 어른벌레로 겨울을 나며 이듬해 봄에 나와 돌아다닌다. 큰줄납작먼지벌레는 딱지날개 색과 사는 곳에 따라 4개 아종으로 구별하는데, 생김새가 비슷해서 분류가 어렵다.

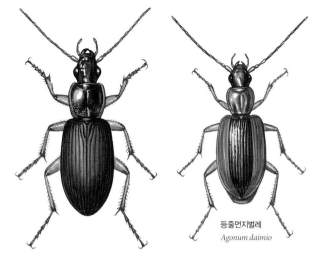

등줄먼지벌레
Agonum daimio

길쭉먼지벌레아과
몸길이 19mm 안팎
나오는 때 5 ～ 10월
겨울나기 애벌레

등빨간먼지벌레 *Dolichus halensis halensis*

등빨간먼지벌레는 온몸이 까만데 이름처럼 딱지날개 가운데가 붉은빛을 띤다. 하지만 붉은빛이 없이 온통 까맣기도 하고, 앞가슴등판이 빨갛기도 하다. 등줄먼지벌레는 딱지날개에 검은 풀빛 무늬가 있다. 들판이나 낮은 산에서 산다. 낮에는 돌이나 가랑잎 밑에 숨어 있다가 밤에 밖으로 나와 돌아다니며 작은 벌레를 집아먹는다. 불빛에 모이기도 한다. 봄부터 늦가을까지 볼 수 있지만, 한여름부터 가을 들머리에 가장 활발히 돌아다닌다.

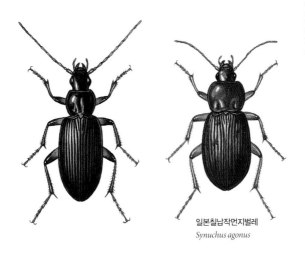

일본칠납작먼지벌레
Synuchus agonus

길쭉먼지벌레아과
몸길이 13~17mm
나오는 때 5~10월
겨울나기 어른벌레

붉은칠납작먼지벌레 *Synuchus cycloderus*

붉은칠납작먼지벌레는 이름과 달리 온몸이 까맣게 반짝인다. 앞가슴
등판은 둥글며, 뒷모서리는 뭉툭하다. 딱지날개는 타원형이며, 세로
로 난 홈 줄은 깊고 뚜렷하다. 딱지날개 어깨가 앞쪽으로 튀어나오지
않고 둥글다. 산에 축축한 곳이나 썩은 가랑잎 밑에서 사는데, 들판에
서도 제법 볼 수 있다. 애벌레와 어른벌레 때 무리를 지어 살면서 작은
다른 벌레 따위를 잡아먹고 산다. 어른벌레로 겨울을 난다. 한 해에 한
번 어른벌레가 된다.

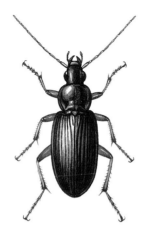

길쭉먼지벌레아과
몸길이 10∼13mm
나오는 때 6∼9월
겨울나기 어른벌레

검정칠납작먼지벌레 *Synuchus melantho*

검정칠납작먼지벌레는 온몸이 까맣게 반짝거린다. 더듬이는 누런 밤색이고, 다리 종아리마디가 붉은 밤색이다. 앞가슴등판 가운데가 볼록하며 가운데에는 세로로 홈 줄이 있다. 딱지날개는 끝이 뾰족한 둥근 쐐기처럼 생겼고, 세로로 난 홈 줄이 7개씩 나 있다. 산기슭이나 골짜기에서 산다. 5∼6월에 가장 많이 볼 수 있다. 밤에 나와 돌아다니면서 여러 가지 작은 벌레나 죽은 동물을 먹는다. 여름에는 불빛에도 날아온다. 손으로 만지면 고약한 냄새가 난다. 어른벌레로 겨울을 난다.

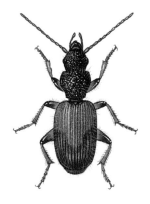

먼지벌레아과
몸길이 8~9mm
나오는 때 6~10월
겨울나기 모름

밑빠진먼지벌레 *Cymindis daimio*

밑빠진먼지벌레는 딱지날개 끝자락에 'U'자처럼 생긴 검은 무늬가 있다. 온몸은 까맣거나 검은 밤색이다. 온몸은 긴 털로 덮여 있다. 머리에는 강하고 굵은 홈이 빽빽하다. 앞가슴등판은 앞쪽 폭이 아래쪽 폭보다 넓은 둥근 삼각형 모양이다. 산골짜기 둘레에서 산다. 낮에 나와 돌아다닌다.

먼지벌레아과
몸길이 11 ~ 12mm
나오는 때 6 ~ 10월
겨울나기 어른벌레

점박이먼지벌레 *Anisodactylus punctatipennis*

점박이먼지벌레는 머리에 빨간 무늬가 있어서 '먼지벌레'나 '애먼지벌레'와 구분된다. 온 나라 들판이나 낮은 산에서 제법 쉽게 볼 수 있다. 풀밭이나 돌 밑에 숨어 있지만 풀 줄기에도 곧잘 올라간다. 밤에는 불빛에 잘 날아온다. 어른벌레로 겨울을 나고, 늦봄에 알을 낳는다. 한 해에 한 번 날개돋이 한다.

먼지벌레아과
몸길이 9〜10mm
나오는 때 4〜10월
겨울나기 어른벌레

먼지벌레 *Anisodactylus signatus*

먼지벌레는 들판에 있는 돌이나 가랑잎 밑에서 산다. 봄에는 밭이나 논 둘레에 있는 풀밭을 잘 날아다닌다. 밤에 나와 돌아다니며 작은 벌레 따위를 잡아먹는다. 불빛에도 날아온다. 어른벌레로 겨울을 나고 봄에 나온다. 4월 말부터 땅속에 알을 낳는다. 위험을 느끼면 흙먼지가 날릴 만큼 빠르게 달려서 도망친다고 먼지벌레라는 이름이 붙었다. '점박이먼지벌레'와 아주 닮았다. 먼지벌레는 머리 정수리에 빨간 반점이 없고 머리가 온통 까맣다.

먼지벌레아과
몸길이 10~13mm
나오는 때 5~8월
겨울나기 모름

애먼지벌레 *Anisodactylus tricuspidatus*

애먼지벌레는 온몸이 까맣게 반짝거리는데, 작은턱수염과 아랫입술
수염, 더듬이, 발목마디는 붉은 밤색이다. 머리는 제법 크고 겹눈은 작
다. 정수리가 볼록하고 붉은 반점은 없다. 앞가슴등판은 볼록하며 가
운데에 세로줄 홈이 살짝 보인다. 이 홈 줄을 중심으로 뒤쪽 가장자리
양옆이 강하게 눌려 있고, 눌린 곳에는 옴폭 파인 홈이 빽빽하다. 딱지
날개 양쪽 가장자리는 나란하다가 끝 쪽이 뾰족하다. 딱지날개에는 세
로줄 홈이 파여 있다.

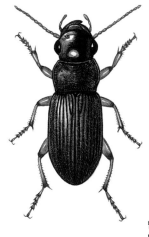

먼지벌레아과
몸길이 20~24mm
나오는 때 6~8월
겨울나기 애벌레

머리먼지벌레 *Harpalus capito*

머리먼지벌레는 다른 먼지벌레보다 머리가 크다. 머리는 번쩍거리지만, 가슴과 딱지날개는 번쩍거리지 않는다. 정수리에 빨간 얼룩무늬가 있지만 변이가 있어서 뚜렷하지 않은 종도 있다. 우리나라에 사는 먼지 벌레 가운데 몸집이 가장 크다. 개울가나 논 둘레에 있는 돌 밑에서 산다. 6~8월 밤에 나와 돌아다니면서 하루살이 같은 작은 벌레를 잡아 먹는다. 등불에도 날아온다.

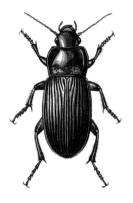

먼지벌레아과
몸길이 11 ~ 14mm
나오는 때 2 ~ 8월
겨울나기 어른벌레

가는청동머리먼지벌레 *Harpalus chalcentus*

가는청동머리먼지벌레는 수컷 몸이 누런 풀빛으로 반짝거리는데, 암컷 딱지날개는 누런색으로 반짝거린다. 우리나라에서 가장 흔히 볼 수 있는 먼지벌레다. 집 둘레 돌 밑이나 썩은 나무 밑에서 볼 수 있다. 밤에 돌아다니면서 여러 가지 나비나 나방 번데기를 먹고 산다. 불빛을 보고 집으로도 날아온다. 낮에도 잘 날아다닌다. 이른벌레로 겨울을 난다.

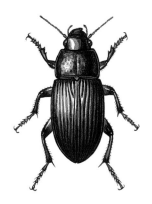

먼지벌레아과
몸길이 11 ~ 15mm
나오는 때 7 ~ 9월
겨울나기 모름

검은머리먼지벌레 *Harpalus corporosus*

검은머리먼지벌레는 온몸이 까맣게 반짝거린다. 더듬이와 다리 발목 마디는 짙은 밤색이다. 앞가슴등판은 앞쪽 폭이 아래쪽보다 약간 좁고 옆 가장자리는 둥글어서 둥근 사다리꼴이나 사각형이다. 딱지날개는 세로로 난 홈 줄이 뚜렷하며, 홈 줄 사이는 살짝 튀어나왔다. 딱지날개 양쪽 가장자리는 둥글어서 전체적으로 긴 타원형이다.

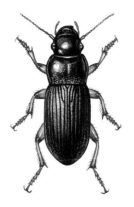

먼지벌레아과
몸길이 12 ~ 15mm
나오는 때 6 ~ 9월
겨울나기 모름

가슴털머리먼지벌레 *Harpalus eous*

가슴털머리먼지벌레는 온몸이 까맣고 앞가슴등판 양쪽 가장자리는
짙은 밤색이다. 작은턱수염, 아랫입술수염, 더듬이, 다리는 누런 밤색
이다. 머리는 폭이 넓어 매우 커 보이며, 겹눈은 작다. 앞가슴등판은 둥
근 사각형이다. 딱지날개는 짧은 누런 털로 덮였고, 세로로 난 홈 줄이
뚜렷하다. 홈 줄 사이 자잘한 홈이 파여 있다. 냇가나 논밭, 숲 가장자
리에서 볼 수 있다. 밤에 불빛에 날아오는 벌레를 재빠르게 사냥한다.

먼지벌레아과
몸길이 8∼13mm
나오는 때 5∼10월
겨울나기 모름

씨앗머리먼지벌레 *Harpalus griseus*

씨앗머리먼지벌레는 온몸이 까맣다. 머리와 앞가슴은 반짝거리지만, 딱지날개는 반짝거리지 않는다. 앞가슴 옆 가장자리와 딱지날개 뒤쪽 가장자리, 다리는 밤색이거나 붉은빛을 띤다.

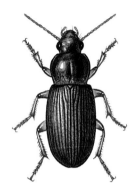

먼지벌레아과
몸길이 10 ~ 12mm
나오는 때 6 ~ 10월
겨울나기 모름

수염머리먼지벌레 *Harpalus jureceki*

수염머리먼지벌레는 온몸이 까맣고, 머리 이마방패는 짙은 밤색, 앞가슴등판 옆 가장자리는 붉은 밤색, 작은턱수염과 아랫입술수염, 더듬이는 누런 밤색, 다리는 붉은 밤색이다. 앞가슴등판은 둥근 사각형이고 가운데가 볼록하다. 딱지날개에는 세로로 난 홈 줄이 뚜렷하다. 홈 줄 사이는 볼록 튀어나왔다. 딱지날개는 누런 털이 빽빽하게 나 있어 마치 누런 밤색을 띠는 것처럼 보인다. 낮에는 흙 속에 숨어 있다가 밤에 나와 돌아다닌다. 지렁이나 작은 벌레 알이나 애벌레를 잡아먹는다.

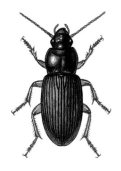

먼지벌레아과
몸길이 8~9mm
나오는 때 5~9월
겨울나기 모름

알락머리먼지벌레 *Harpalus pallidipennis*

알락머리먼지벌레는 머리와 앞가슴등판이 불그스름한 검은색이고, 딱지날개는 붉은 반점이 여기저기 나 있는 짙은 붉은 밤색이다. 작은 턱수염과 아랫입술수염은 누런 밤색, 더듬이와 다리는 붉은 밤색이다. 머리는 제법 폭이 넓고 크며, 겹눈은 작다. 앞가슴등판은 둥근 사각형이며 가운데는 볼록하다. 딱지날개에 세로로 난 홈 줄이 뚜렷하고, 홈 줄 사이는 평평하다.

먼지벌레아과
몸길이 10 ~ 15mm
나오는 때 3 ~ 10월
겨울나기 모름

중국머리먼지벌레 *Harpalus sinicus sinicus*

중국머리먼지벌레는 온몸이 까맣게 반짝거린다. 앞가슴등판 테두리
는 짙은 붉은 밤색, 작은턱수염과 아랫입술수염은 누런 밤색, 더듬이
와 다리는 붉은 밤색이다. 앞가슴등판은 둥근 사각형 모양이며, 가운
데는 볼록하다. 딱지날개 양쪽 가장자리는 서로 나란하고, 세로로 난
홈 줄은 뚜렷하다. 홈 줄 사이는 평평하다. 개울가나 논 둘레에 있는
쓰레기 밑에서 볼 수 있다. 밤에 불빛으로 날아오기도 한다.

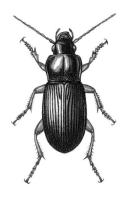

먼지벌레아과
몸길이 9∼14mm
나오는 때 5∼7월
겨울나기 모름

꼬마머리먼지벌레 *Harpalus tridens*

꼬마머리먼지벌레는 몸이 살짝 반짝거린다. 머리는 붉은빛이 도는 검은색인데 이마방패 앞쪽으로는 짙은 붉은 밤색이다. 앞가슴등판은 까맣고 양쪽 테두리는 붉은 밤색이다. 앞가슴등판은 둥근 사각형 모양이며, 가운데는 평평하다. 딱지날개는 붉은빛이 도는 검은색이고 매끈하며, 세로로 난 홈 줄이 뚜렷하다.

먼지벌레아과
몸길이 7～9mm
나오는 때 4～10월
겨울나기 모름

긴머리먼지벌레 *Oxycentrus argutoroides*

긴머리먼지벌레는 온몸이 까맣게 반짝거린다. 머리는 매끈하고, 이마 방패 앞쪽으로 짙은 붉은 밤색이다. 앞가슴등판은 폭과 길이가 같거나 길이가 길며, 가운데는 볼록하고, 양쪽 테두리는 붉은 밤색이다. 딱지날개는 붉은빛이 도는 검은색인데 테두리와 딱지날개가 붙은 곳은 짙은 붉은 밤색이다. 딱지날개에는 세로로 난 홈 줄이 뚜렷하다.

먼지벌레아과
몸길이 4~6mm
나오는 때 8~9월
겨울나기 모름

노란목좁쌀애먼지벌레 *Bradycellus laeticolor*

노란목좁쌀애먼지벌레는 머리와 딱지날개는 까맣고, 앞가슴등판은 붉은 밤색이다. 앞가슴등판 가운데가 평평하고, 세로줄이 뚜렷하다. 더듬이 첫 세 마디만 붉은 밤색이고 나머지는 짙은 밤색이다. 다리는 누런 밤색이거나 붉은 밤색이다. 딱지날개에는 세로로 난 홈 줄이 뚜렷하다. 홈 줄 사이는 평평하다. 풀밭에서 산다. 밤에 나와 돌아다니며 가로등 불빛에 모여 드는 작은 곤충들을 잡아먹는다. 암컷은 축축한 돌 밑에 알을 낳는다.

먼지벌레아과
몸길이 4~6mm
나오는 때 8~9월
겨울나기 모름

초록좁쌀먼지벌레 *Stenolophus difficilis*

초록좁쌀먼지벌레는 머리와 앞가슴등판, 딱지날개가 풀빛이 도는 밤색으로 반짝거린다. 앞가슴등판은 테두리가 붉은 밤색이거나 누런 밤색이다. 딱지날개 가장자리와 딱지날개가 맞붙는 쪽으로 연해져 검은 밤색이나 누런 밤색을 띤다. 더듬이와 다리는 누런 밤색이다. 딱지날개에는 세로로 난 홈 줄이 뚜렷하며, 홈 줄 사이는 매끈하고 평평하다.

먼지벌레아과
몸길이 6～7mm
나오는 때 7～8월
겨울나기 모름

흑가슴좁쌀먼지벌레 *Stenolophus connotatus*

흑가슴좁쌀먼지벌레는 몸이 누런 밤색으로 살짝 반짝거리는데 머리는 까맣다. 딱지날개에 세로줄이 7개씩 있다. 앞가슴등판 가운데는 까맣지만 가장자리로 갈수록 옅어져 밤색을 띤다. 더듬이는 밤색이고 다리는 누런 밤색이다.

둥글먼지벌레아과
몸길이 6~8mm
나오는 때 모름
겨울나기 어른벌레

민둥글먼지벌레 *Amara communis*

민둥글먼지벌레는 몸이 까만데 햇빛을 받으면 풀빛으로 반짝거린다. 다리 허벅지마디는 까맣고 종아리마디 밑으로는 짙은 붉은 밤색이다. 머리는 앞쪽으로 뾰족한 삼각형이다. 앞가슴등판은 둥근 사다리꼴로 앞쪽 양쪽 모서리는 둥글게 튀어나왔다. 앞가슴등판 가운데에 세로줄이 뚜렷하다. 딱지날개에는 세로로 난 홈 줄이 뚜렷하고, 양쪽 가장자리는 나란하다가 가운데에서 둥글게 좁아진다. 산속 가랑잎 밑이나 이끼 둘레에서 산다.

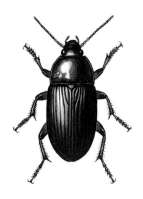

둥글먼지벌레아과
몸길이 7 ~ 10mm
나오는 때 4 ~ 8월
겨울나기 어른벌레

어리둥글먼지벌레 *Amara congrua*

어리둥글먼지벌레는 더듬이 1 ~ 3마디가 누런 밤색이고, 나머지는 짙은 밤색이다. 다리 허벅지마디는 짙은 밤색이지만, 종아리마디 밑으로는 붉은 밤색이다. 햇빛을 받으면 온몸이 짙은 풀빛으로 반짝거린다. 앞가슴등판은 둥근 사다리꼴이다. 딱지날개에 세로로 난 홈 줄이 뚜렷하다. 양쪽 가장자리가 나란하다가 뒤쪽 1/3쯤 되는 곳에서 둥글게 좁아진다. 산 땅속에서 어른벌레로 겨울을 난다.

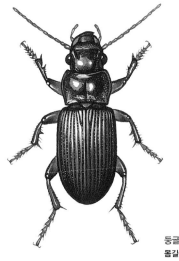

둥글먼지벌레아과
몸길이 17~21mm
나오는 때 7월쯤
겨울나기 어른벌레

큰둥글먼지벌레 *Amara giganteus*

큰둥글먼지벌레는 온몸이 까맣게 반짝거린다. 작은턱수염과 아랫입술
수염, 더듬이, 앞다리 발목마디는 짙은 붉은 밤색이다. 온몸은 평평하
고 길쭉하다. 머리는 폭이 넓고 크며, 겹눈은 볼록하다. 앞가슴등판은
평평하며, 뒤쪽으로 좁아지는 느낌이 있다. 딱지날개는 세로로 난 홈
줄이 뚜렷하다. 딱지날개 옆 가장자리는 둥글고 뒤쪽 1/2 지점에서 좁
아진다. 낮은 산과 들판 땅속에서 어른벌레로 겨울을 난다.

둥글먼지벌레아과
몸길이 7〜8mm
나오는 때 3〜11월
겨울나기 모름

사천둥글먼지벌레 *Amara obscuripes*

사천둥글먼지벌레는 온몸이 검거나 청동빛으로 반짝거린다. 몸은 타원형으로 매끈하고 볼록하다. 머리는 삼각형 모양으로 뾰족하고, 앞가슴등판은 둥근 사다리꼴이다. 앞가슴등판 앞쪽 양쪽 모서리는 뾰족하게 튀어나왔다. 딱지날개에는 세로로 난 홈 줄이 뚜렷하다. 양쪽 가장자리는 나란하다가 뒤쪽 1/3쯤 되는 곳에서 둥글게 좁아진다. '어리둥글먼지벌레'와는 다리 색이 달라서 구분한다.

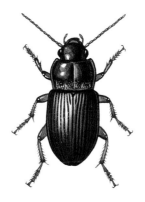

둥글먼지벌레아과
몸길이 8~10mm
나오는 때 5~10월
겨울나기 모름

애기둥글먼지벌레 *Amara simplicidens*

애기둥글먼지벌레는 몸이 까맣게 반짝거린다. 머리 이마방패 앞쪽으로는 붉은 밤색, 앞가슴등판과 딱지날개 옆 테두리는 붉은 밤색이다. 온몸은 타원형으로 볼록하다. 앞가슴등판은 둥근 사다리꼴이지만 가운데가 가장 넓어 둥근 직사각형으로 보이기도 한다. 가운데에는 세로 줄이 뚜렷하다. 딱지날개에는 세로로 난 홈 줄이 뚜렷하고 그 사이는 살짝 튀어나왔다. 양쪽 가장자리는 서로 나란하다가 뒤쪽 1/2 지점에서 둥글게 좁아진다.

둥글먼지벌레아과
몸길이 7~8mm
나오는 때 4~7월
겨울나기 어른벌레

우수리둥글먼지벌레 *Amara ussuriensis*

우수리둥글먼지벌레는 더듬이 첫 두 마디가 붉은 밤색이고, 나머지는
까맣다. 다리 허벅지마디는 까맣고, 종아리마디와 발목마디는 반쯤이
붉은 밤색이다. 딱지날개에는 세로로 난 홈 줄이 뚜렷하다. 낮은 산 산
길 둘레에서 산다. 남쪽 지방에서는 2~3월 이른 봄부터 나와 돌아다
니는데 낮에 많이 볼 수 있다. 잡으면 지독한 냄새를 풍긴다. 어른벌레
로 겨울을 난다.

무늬먼지벌레아과
몸길이 14mm 안팎
나오는 때 모름
겨울나기 모름

잔노랑테먼지벌레 *Chlaenius circumdatus xanthopleurus*

잔노랑테먼지벌레는 이름처럼 딱지날개 테두리에 노란 띠무늬가 둘려 있다. 딱지날개는 붉은 자줏빛이다. 머리와 앞가슴등판은 붉은 녹색 으로 쇠붙이처럼 반짝거린다.

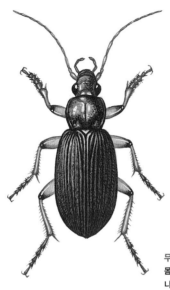

무늬먼지벌레아과
몸길이 22~23mm
나오는 때 5~8월
겨울나기 어른벌레

줄먼지벌레 *Chlaenius costiger costiger*

줄먼지벌레는 먼지벌레 가운데 몸집이 큰 편에 속한다. 딱지날개에 줄무늬가 세로로 뚜렷하게 나 있다고 '줄먼지벌레'라는 이름이 붙었다. 어른벌레로 흙 속에서 겨울을 나며, 봄에 나와 가을 들머리인 9월까지 볼 수 있다. 낮은 산과 거기에 잇닿은 들판에서 많이 산다. 가끔 도시 아파트나 공원에서도 볼 수 있다. 낮에는 돌 밑에 숨어 있다가 밤에 나와 돌아다니며 작은 벌레를 잡아먹는다. 밤에 불빛에도 모여든다.

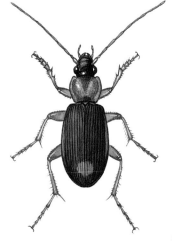

무늬먼지벌레아과
몸길이 10mm 안팎
나오는 때 5월쯤부터
겨울나기 어른벌레

멋무늬먼지벌레 *Chlaenius deliciolus*

멋무늬먼지벌레는 머리와 딱지날개가 까맣고, 가슴과 다리는 주황색
이다. 딱지날개 가장자리에는 누런 세로 줄무늬가 있고, 딱지날개 끄트
머리에는 누런 점무늬가 있다. 사는 곳이 아주 넓어서 강가나 풀밭, 산
에서도 산다. 낮에는 돌 밑이나 가랑잎 아래에 숨어 있다가 밤에 나와
돌아다니며 다른 작은 벌레를 잡아먹는다. 어른벌레로 겨울을 난다.

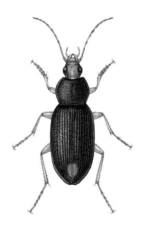

무늬먼지벌레아과
몸길이 8mm 안팎
나오는 때 8월쯤
겨울나기 모름

외눈박이먼지벌레 *Chlaenius guttula*

외눈박이먼지벌레는 머리가 풀빛으로 반짝이고, 앞가슴등판과 딱지날개는 까맣고 살짝 반짝거린다. 딱지날개 아래쪽에는 둥근 누런 밤색 반점이 있다. 축축한 습지에서 산다.

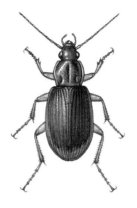

무늬먼지벌레아과
몸길이 10〜11mm
나오는 때 6〜10월
겨울나기 모름

노랑테먼지벌레 *Chlaenius inops*

노랑테먼지벌레는 온몸이 풀빛으로 번쩍거린다. 머리 이마방패 앞쪽, 앞가슴등판과 딱지날개 양쪽 테두리, 다리는 누런 밤색이다. 머리는 앞쪽으로 뾰족한 삼각형으로 정수리가 볼록하다. 앞가슴등판은 둥글고 폭과 길이가 거의 같으며, 여기저기에 홈이 뚜렷하게 파였다. 가운데에는 세로줄이 뚜렷하다. 딱지날개는 짧은 누런 털로 덮였으며, 세로로 난 홈 줄이 뚜렷하며 그 사이는 살짝 볼록하다.

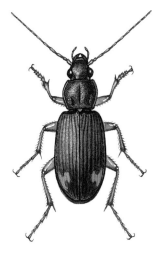

무늬먼지벌레아과
몸길이 14~17mm
나오는 때 5~8월
겨울나기 모름

끝무늬녹색먼지벌레 *Chlaenius micans*

끝무늬녹색먼지벌레는 딱지날개가 짙은 풀빛으로 반짝거리고, 날개 끝 쪽에 요철 모양으로 누런 무늬가 있다. 더듬이와 다리는 누런 밤색이다. 앞가슴등판은 옆 가장자리가 둥글고, 앞쪽 폭과 아래쪽 폭이 거의 비슷하다. 앞가슴등판과 딱지날개에는 짧고 누런 털이 나 있다. 끝무늬먼지벌레와 닮았지만, 끝무늬녹색먼지벌레는 머리와 앞가슴등판이 반짝거리지 않고 짧고 누런 털이 잔뜩 나 있고, 딱지날개 끝 쪽에 있는 무늬가 다르다.

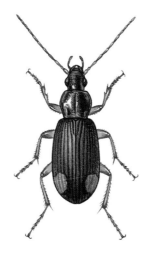

무늬먼지벌레아과
몸길이 14～15mm
나오는 때 5～7월
겨울나기 어른벌레

쌍무늬먼지벌레 *Chlaenius naeviger*

쌍무늬먼지벌레는 딱지날개 끝에 누런 무늬가 마주 나 있다. 딱지날개
에 세로로 홈 줄이 깊게 나 있고 누런 털이 나 있다. 머리와 앞가슴등
판은 구릿빛인데 햇빛을 받으면 풀빛으로 반짝거린다. 더듬이와 다리
는 누런 밤색이다. 중부와 남부 지방 낮은 산이나 풀밭 축축한 곳에서
많이 산다. 봄부터 가을까지 흔하게 볼 수 있다. 주로 축축한 곳에 나
타나며 밤에 돌아다닌다. 땅 위를 걸어 다니면서 다른 작은 벌레를 잡
아먹는다.

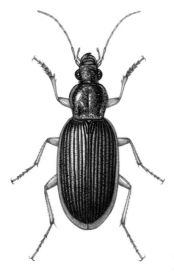

무늬먼지벌레아과
몸길이 19~22mm
나오는 때 4~9월
겨울나기 모름

큰노랑테먼지벌레 *Chlaenius nigricans*

큰노랑테먼지벌레는 딱지날개가 푸르스름한 풀빛이고, 가장자리는 노란빛을 띤다. 딱지날개에는 세로줄이 8줄씩 나 있다. 앞가슴등판도 풀빛이나 구릿빛으로 번쩍거리고 큰 점무늬가 있다. 낮은 산이나 들판에서 볼 수 있다.

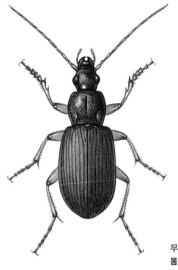

무늬먼지벌레아과
몸길이 14mm 안팎
나오는 때 5 ~ 10월
겨울나기 어른벌레

풀색먼지벌레 *Chlaenius pallipes*

풀색먼지벌레는 딱지날개가 풀빛으로 번쩍거리고 세로로 난 홈 줄이 5개씩 있다. 온몸에는 누런 짧은 털이 나 있다. 어른벌레나 애벌레나 풀밭이나 시냇가 둘레 축축한 땅에 있는 돌 밑에서 산다. 밤에 나와 빠르게 돌아다니며 작은 다른 벌레나 지렁이 따위를 잡아먹는다. 작은 벌레를 잡아먹으려고 불빛에 잘 모인다. 어른벌레로 땅속에서 무리 지어 겨울을 난다. 짝짓기를 마친 암컷은 풀뿌리 둘레 흙 속에 알을 낳는다.

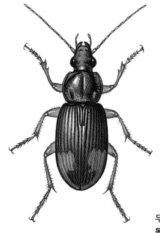

무늬먼지벌레아과
몸길이 12 ~ 14mm
나오는 때 모름
겨울나기 모름

왕쌍무늬먼지벌레 *Chlaenius pictus*

왕쌍무늬먼지벌레는 제주도에서 1924년에 처음 발견되었지만 그 뒤로
는 보이지 않는다. 머리와 앞가슴등판은 붉은 풀색으로 반짝거리고,
딱지날개는 광택이 없고, 불그스름한 풀빛이 돈다. 딱지날개 끝에는
누런 무늬가 마주 나 있다. 더듬이와 다리는 누런 밤색이나 붉은 밤색
이다. 앞가슴등판 옆 가장자리는 둥글어서 가운데 폭이 가장 넓다. 또
앞쪽 폭보다 뒤쪽 폭이 더 넓다.

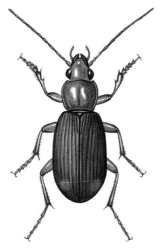

무늬먼지벌레아과
몸길이 12mm 안팎
나오는 때 8월쯤
겨울나기 모름

남방무늬먼지벌레 *Chlaenius tetragonoderus*

남방무늬먼지벌레는 딱지날개 끄트머리에 누런 점무늬가 양쪽에 나 있다. 딱지날개는 짙은 밤색이다. 앞가슴등판은 청동빛이 돌며 쇠붙이처럼 반짝거린다.

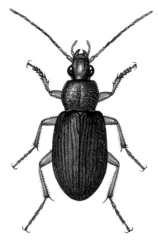

무늬먼지벌레아과
몸길이 11 ~ 13mm
나오는 때 5 ~ 7월
겨울나기 모름

미륵무늬먼지벌레 *Chlaenius variicornis*

미륵무늬먼지벌레는 온몸이 누런 풀색이나 누런 밤색으로 번쩍거린
다. 머리는 금속성 광택이 제법 강하지만 앞가슴등판과 딱지날개는
덜하다. 더듬이 첫 번째 마디는 누런 밤색이지만 두 번째와 세 번째 마
디는 붉은 밤색, 나머지 마디들은 짙은 밤색을 띤다. 다리는 누런 밤색
이다. 풀색먼지벌레와 닮았지만, 앞가슴등판 폭이 더 좁고 가는 털로
덮여 있다.

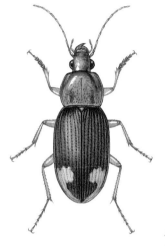

무늬먼지벌레아과
몸길이 15 ∼ 17mm
나오는 때 5 ∼ 8월
겨울나기 모름

끝무늬먼지벌레 *Chlaenius virgulifer*

끝무늬먼지벌레는 딱지날개 끝에 둥그스름한 노란 무늬가 마주 나 있다. 왕쌍무늬먼지벌레와 닮았는데, 딱지날개 끝에 있는 노란 무늬가 살짝 다르다. 앞가슴등판과 딱지날개에는 가는 털이 나 있다. 숲 가장자리나 논밭 둘레에서 흔히 볼 수 있다. 5월부터 8월까지 밤에 나와 돌아다니면서 작은 벌레나 거미 따위를 잡아먹는다.

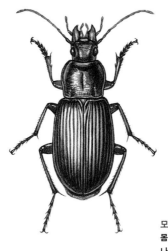

모래사장먼지벌레아과
몸길이 20~26mm
나오는 때 5~9월
겨울나기 모름

모래사장먼지벌레 *Diplocheila zeelandica*

모래사장먼지벌레는 몸이 까맣게 반짝거리는데, 더듬이는 다섯 번째 마디 위쪽으로 짙은 붉은 밤색을 띤다. 머리와 앞가슴등판은 주름이 졌다. 딱지날개에는 세로로 난 홈 줄이 7줄씩 있다. 줄 사이는 튀어나왔다. 이름과는 달리 낮은 산 돌 밑에서 산다. 밤에 나와 불빛에 날아온 다른 벌레들을 잡아먹는다. 위험을 느끼면 꽁무니에서 고약한 냄새가 나는 물을 내뿜는다.

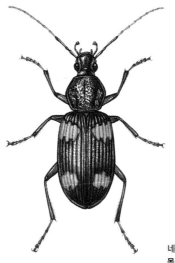

네눈박이먼지벌레아과
몸길이 19~21mm
나오는 때 4~10월
겨울나기 어른벌레

큰털보먼지벌레 *Dischissus mirandus*

큰털보먼지벌레는 딱지날개 앞쪽과 뒤쪽에 노란 점무늬가 한 쌍씩 있다. 딱지날개는 세로줄이 깊게 파였다. 앞가슴등판에는 작은 점이 오톨도톨 나 있다. 온 나라 낮은 산이나 숲 가장자리, 논밭, 냇가에서 볼수 있다. 낮에는 돌 밑이나 흙 속에 숨어 있다가 밤에 나와서 작은 벌레나 죽은 벌레를 먹는다. 불빛으로 날아오기도 한다. 어른벌레로 겨울을 난다고 한다.

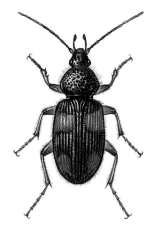

네눈박이먼지벌레아과
몸길이 10〜12mm
나오는 때 3〜6월
겨울나기 모름

네눈박이먼지벌레 *Panagaeus japonicus*

네눈박이먼지벌레는 작은네눈박이먼지벌레와 닮았다. 온몸은 까맣게 반짝거린다. 딱지날개에는 둥근 붉은 무늬가 4개 있다. 작은턱수염, 아랫입술수염, 더듬이, 다리는 붉은 밤색이다. 겹눈은 양옆으로 튀어나왔다. 머리와 앞가슴등판에는 움푹 파인 홈이 빽빽하다. 앞가슴등판 양쪽 가장자리는 둥근 편이지만 전체적으로는 마름모꼴이다. 딱지날개에는 세로로 난 홈 줄이 8개씩 있고, 홈 줄 사이는 평평하다.

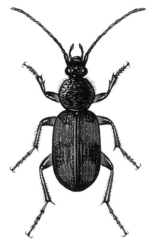

네눈박이먼지벌레아과
몸길이 10～12mm
나오는 때 4～10월
겨울나기 모름

작은네눈박이먼지벌레 *Panagaeus robustus*

작은네눈박이먼지벌레는 온몸이 까맣고, 딱지날개 무늬는 붉은 밤색이다. 네눈박이먼지벌레와 닮았지만, 작은네눈박이먼지벌레는 몸을 비롯한 모든 부속지가 까맣고, 딱지날개 무늬가 붉은 밤색이며 딱지날개 어깨 쪽에 있는 무늬는 물결무늬여서 다르다.

목대장먼지벌레아과
몸길이 6~7mm
나오는 때 7월쯤
겨울나기 모름

산목대장먼지벌레 *Odacantha aegrota*

산목대장먼지벌레는 딱지날개에 난 홈 줄이 목대장먼지벌레보다 더
강하며, 딱지날개 아래쪽 가장자리가 완만하게 좁아지는 타원형이다.
온몸은 반짝거린다. 머리와 앞가슴등판은 까맣고, 다리와 딱지날개는
누런 밤색이다. 머리는 긴 마름모꼴이며, 앞가슴등판은 가운데 폭이
넓은 원통형이다.

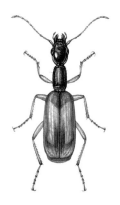

목대장먼지벌레아과
몸길이 6∼7mm
나오는 때 3∼9월
겨울나기 어른벌레

목대장먼지벌레 *Odacantha puziloi*

목대장먼지벌레는 머리가 세로로 긴 타원형이고, 앞가슴등판은 원통형으로 길어 '목대장'이라는 이름이 붙었다. 딱지날개 뒤쪽은 갑자기 좁아져 마치 둥근 네모꼴로 생겼다. 머리와 앞가슴등판은 까맣고, 딱지날개는 누런 밤색이다. 낮은 산 개울가나 축축한 곳 둘레에서 산다. 어른벌레는 햇볕이 잘 드는 땅속에서 겨울을 난다. 3월 이른 봄부터 나와 돌아다닌다. 낮에는 돌 밑에 숨어 있다가 밤이 되면 나온다.

십자무늬먼지벌레아과
몸길이 5~6mm
나오는 때 6~8월
겨울나기 모름

육모먼지벌레 *Pentagonica daimiella*

육모먼지벌레는 더듬이와 머리, 딱지날개가 까맣고 앞가슴등판과 다리, 딱지날개 옆 가장자리는 누런 밤색이다. 앞가슴등판은 육각형으로 생겼다. 옆 가장자리가 제법 넓게 늘어나 길이보다 폭이 더 넓다. 딱지날개는 긴 직사각형으로 생겨서 끝 부분은 잘려진 것처럼 뚝 끊어져 보인다. 세로로 난 홈 줄은 얕다.

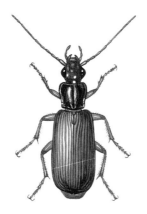

십자무늬먼지벌레아과
몸길이 7〜10mm
나오는 때 5〜10월
겨울나기 모름

녹색먼지벌레 *Calleida onoha*

녹색먼지벌레는 이름처럼 딱지날개가 풀빛으로 반짝인다. 앞가슴등
판 가운데는 볼록하게 솟았으며, 옆쪽 가장자리는 S자처럼 굽었고, 길
이와 폭이 거의 같다. 딱지날개는 세로로 난 홈 줄이 7개씩 있으며, 홈
줄 사이는 튀어나왔다.

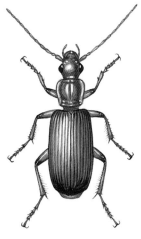

십자무늬먼지벌레아과
몸길이 10～11mm
나오는 때 5～6월
겨울나기 모름

노랑머리먼지벌레 *Calleida lepida*

노랑머리먼지벌레는 온몸이 반짝거린다. 머리와 앞가슴등판은 짙은 붉은 밤색이고, 딱지날개는 풀빛으로 반짝거린다. 다리는 붉은 밤색인데 허벅지마디와 종아리마디 관절은 까맣다. 앞가슴등판은 옆 가장자리로 넓게 늘어났는데 긴 S자 모양으로 굽었고, 길이보다 폭이 좁아 마치 항아리를 뒤집어 놓은 것처럼 생겼다. 딱지날개에는 세로로 난 홈 줄이 7개씩 있으며, 홈 줄 사이는 튀어나왔다.

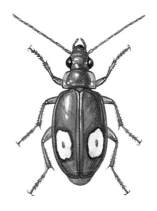

십자무늬먼지벌레아과
몸길이 9mm 안팎
나오는 때 5 ~ 10월
겨울나기 모름

쌍점박이먼지벌레 *Lebidia bioculata*

쌍점박이먼지벌레는 딱지날개 뒤쪽에 밤색 테두리가 둘러진 커다란 누런 점무늬가 있다. 몸은 누런 밤색이나 붉은 밤색으로 살짝 반짝거린다. 머리는 평평하고 눈은 툭 불거졌다. 더듬이 첫 네 마디는 누런 밤색이고 나머지 마디들은 붉은 밤색이다. 앞가슴등판은 둥근 사다리꼴로 길이보다 폭이 더 넓다. 딱지날개에는 자잘한 홈이 파여 있다. 다리는 가늘고 길며, 발톱마디에는 이빨 같은 돌기가 있다.

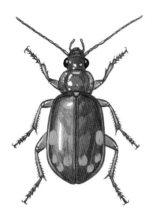

십자무늬먼지벌레아과
몸길이 11 ~ 12mm
나오는 때 5 ~ 10월
겨울나기 어른벌레

팔점박이먼지벌레 *Lebidia octoguttata*

팔점박이먼지벌레는 이름처럼 딱지날개에 하얀 점이 여덟 개 있다. 쌍점박이먼지벌레와 닮았지만, 팔점박이먼지벌레 양쪽 딱지날개에는 가운데에 누런 점무늬가 있고, 그 뒤쪽으로 크기가 다른 누런 점무늬가 세 개씩 있다. 산이나 들판에서 사는데, 다른 먼지벌레와 달리 나무 위에서 산다. 낮에는 나뭇잎 사이에 숨어 있다가 밤에 나와 돌아다니면서 나비나 나방 애벌레를 잡아먹는다. 어른벌레로 겨울을 난다.

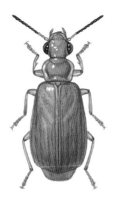

십자무늬먼지벌레아과
몸길이 9～11mm
나오는 때 5～9월
겨울나기 모름

납작선두리먼지벌레 *Parena cavipennis*

납작선두리먼지벌레는 더듬이 절반이 까맣다. 딱지날개에는 홈이 파여 세로줄을 이룬다. 납작선두리먼지벌레보다 몸이 조금 더 크고, 딱지날개에 홈은 안 파이고 세로줄이 나 있는 것은 '큰선두리먼지벌레'이다. 또 크기는 더 작고, 딱지날개 가운데 뒤쪽에 기다란 알처럼 생긴 검은 밤색 무늬가 있으면 '한점선두리먼지벌레'다. 이른벌레는 봄부터 가을까지 들판이나 산기슭에서 자라는 나무에서 볼 수 있다. 애벌레도 나뭇잎 위를 기어 다니면서 나방 애벌레를 잡아먹는다.

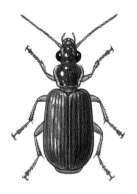

십자무늬먼지벌레아과
몸길이 6〜7mm
나오는 때 5〜9월
겨울나기 모름

석점선두리먼지벌레 *Parena tripunctata*

석점선두리먼지벌레는 온몸이 반짝거린다. 머리는 이마방패 앞쪽으로
는 붉은 밤색인데 뒤쪽으로는 짙은 밤색이다. 앞가슴등판과 딱지날개
는 짙은 밤색이지만 테두리는 짙은 붉은 밤색이다. 머리 정수리가 평평
하다. 앞가슴등판은 가운데가 볼록 솟았고, 테두리는 S자처럼 굽었다.
딱지날개에는 세로로 살짝 파인 홈 줄이 7개씩 있으며, 홈 줄 사이는
살짝 솟았다. 나무 위에서 살며 잎을 갉아 먹는 다른 작은 벌레를 잡
아먹는다.

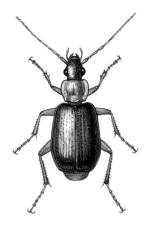

십자무늬먼지벌레아과
몸길이 6~8mm
나오는 때 3~9월
겨울나기 어른벌레

노랑가슴먼지벌레 *Lachnolebia cribricollis*

노랑가슴먼지벌레는 이름처럼 앞가슴등판이 노랗다. 딱지날개는 파란색으로 반짝거린다. 더듬이와 다리는 붉은 밤색이다. 머리 정수리는 살짝 튀어나왔다. 앞가슴등판은 사각형인데, 아래쪽 모서리가 ㄱ자처럼 잘려진 모양이다. 딱지날개에는 세로로 난 홈 줄이 8개씩 있다. 낮은 산 나뭇잎이나 시골 논밭 둘레 풀밭에서 산다. 낮에는 돌 밑에 숨어 있다가 밤이 되면 나와 돌아다닌다. 불빛을 보고 날아오기도 한다. 어른벌레로 겨울을 난다.

십자무늬먼지벌레아과
몸길이 6〜7mm
나오는 때 5〜7월
겨울나기 어른벌레

십자무늬먼지벌레 *Lebia cruxminor*

십자무늬먼지벌레는 머리가 까맣고, 앞가슴등판은 붉은 밤색이다. 딱지날개는 누런 밤색인데, 이름처럼 까만 무늬가 '十'자처럼 나 있다. 온몸은 반짝거린다. 높은 산 나무 위에서 산다.

십자무늬먼지벌레아과
몸길이 6〜7mm
나오는 때 5〜10월
겨울나기 모름

한라십자무늬먼지벌레 *Lebia retrofasciata*

한라십자무늬먼지벌레는 몸이 누런 밤색이다. 딱지날개 앞쪽과 가운데에는 화살촉처럼 생긴 까만 무늬가 있다.

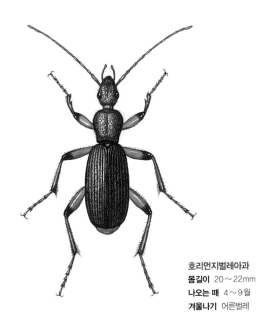

호리먼지벌레아과
몸길이 20~22mm
나오는 때 4~9월
겨울나기 어른벌레

목가는먼지벌레 *Galerita orientalis*

앞가슴등판 폭이 머리 폭보다 좁고 가늘다고 '목가는먼지벌레'라는 이름이 붙었다. 몸은 붉은 밤색인데, 앞가슴등판 테두리와 딱지날개는 검거나 검푸르다. 다리 허벅지마디와 종아리마디 관절은 까맣다. 머리는 앞쪽으로 빠져 앞가슴등판과 뚜렷하게 나뉜다. 딱지날개에 세로로 난 홈 줄이 뚜렷하다. 낮은 산이나 들에서 산다. 밤에 나와 돌아다니며 지렁이 같은 작은 동물을 잡아먹고 산다. 밤에 불빛을 보고 모여들기도 한다. 어른벌레로 겨울을 난다.

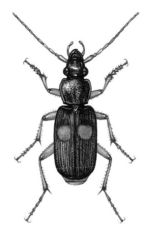

호리면지벌레아과
몸길이 13mm 안팎
나오는 때 4~9월
겨울나기 모름

두점박이먼지벌레 *Planets puncticeps*

두점박이먼지벌레는 머리와 앞가슴등판, 딱지날개가 까맣다. 다리는 누런 밤색이다. 딱지날개 가운데에 둥근 누런 점이 있다. 온몸에 누런 털이 나 있다. 낮은 산에 살면서 죽은 곤충을 먹는다. 밤에 나와 돌아다닌다.

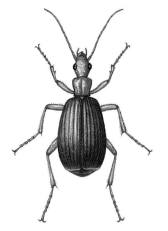
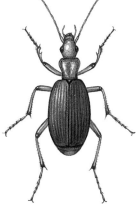

녹색날개목가는먼지벌레
Brachinus aeneicostis

폭탄먼지벌레아과
몸길이 11 ~ 15mm
나오는 때 5 ~ 9월
겨울나기 애벌레, 어른벌레

꼬마목가는먼지벌레 *Brachinus stenoderus*

꼬마목가는먼지벌레는 딱지날개가 파랗거나 까맣고, 온몸은 평평하
다. 머리는 마름모꼴이고 노랗다. 앞가슴등판 폭은 머리 폭보다 좁고
가늘다. 텃밭이나 낮은 산뿐만 아니라 깊은 산속에서도 볼 수 있다. 가
랑잎 밑이나 개울가 돌 밑처럼 부식물이 많은 곳에서 지내며 썩은 고
기 따위를 먹고 산다. 위험을 느끼면 배 끝에서 강한 산성 가스를 품어
서 몸을 지킨다. 날개가 퇴화해 날지 못한다. 녹색날개목가는먼지벌레
는 꼬마목가는먼지벌레와 닮았지만 딱지날개가 풀빛이다.

폭탄먼지벌레아과
몸길이 17~20mm
나오는 때 6~7월
겨울나기 어른벌레

남방폭탄먼지벌레 *Pheropsophus javanus*

남방폭탄먼지벌레는 폭탄먼지벌레와 크기나 생김새가 거의 닮았다. 하지만 딱지날개에 있는 주황색 무늬가 번개처럼 생겨서 다르다. 폭탄먼지벌레와 사는 모습도 비슷하다. 산골짜기 둘레에 가랑잎이 많이 쌓인 곳에서 볼 수 있다. 때때로 산과 잇닿은 논밭 둘레에서 보이기도 한다. 무리를 지어 살면서 다른 작은 벌레를 잡아먹는다. 위험할 때는 꽁무니에서 강한 산성 가스를 내뿜는다. 어른벌레로 겨울을 난다.

폭탄먼지벌레아과
몸길이 11~18mm
나오는 때 4~9월
겨울나기 어른벌레

폭탄먼지벌레 *Pheropsophus jessoensis*

폭탄먼지벌레는 이름처럼 위험할 때 꽁무니에서 방귀 소리를 내며 독한 산성 가스를 내뿜는다. 아주 짧은 시간 동안 열 번 넘게 여러 번 방귀를 뀔 수 있다. 사람 살갗에 닿으면 살이 부어오르고 몹시 아프다. 들판이나 낮은 산악 지대 축축한 땅에서 산다. 4~9월에 보이는데 8월에 가장 기운차게 돌아다닌다. 낮에는 돌 밑이나 가랑잎 밑, 흙 속에 숨어 있다가 밤에 나와 돌아다니면서 다른 벌레를 잡아먹거나 썩은 고기도 가리지 않고 먹는 잡식성이다.

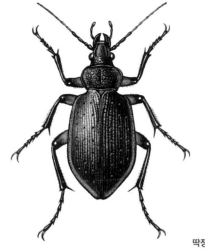

딱정벌레아과
몸길이 18～25mm
나오는 때 4～10월
겨울나기 어른벌레

풀색명주딱정벌레 *Calosoma cyanescens*

풀색명주딱정벌레는 숲이 우거진 산골짜기에서 산다. 낮밤을 가리지 않고 골짜기 둘레에 자란 나무 위를 돌아다니면서 나비나 나방 애벌레를 많이 잡아먹는다. 때때로 밤에 불빛을 보고 날아오기도 한다. 5월에 가장 많고 10월까지 볼 수 있다. 어른벌레로 겨울을 난다. 딱정벌레아과 무리는 속날개가 없어서 날지 못하지만 풀색명주딱정벌레, 검정명주딱정벌레, 큰명주딱정벌레는 속날개가 있어서 날 수 있다.

딱정벌레아과
몸길이 22～31mm
나오는 때 3～7월
겨울나기 어른벌레

검정명주딱정벌레 *Calosoma maximowiczi*

검정명주딱정벌레는 풀색명주딱정벌레와 닮았지만, 몸집이 더 크고, 등에 구릿빛이 거의 없고, 배는 남색을 띠지 않는다. 또 앞가슴등판이 더 매끄럽다. 낮은 산이나 그 가까이에 있는 공원이나 마을 둘레에서도 많이 볼 수 있다. 나무 위에서 잎 사이를 돌아다니며 나비나 나방 애벌레를 잡아먹는다. 때로 불빛에 모인 벌레를 잡아먹으러 날아오기도 한다. 위협을 느끼면 꽁무니에서 지독한 냄새를 풍겨 쫓는다. 어른벌레는 흙 속에서 겨울을 난다.

딱정벌레아과
몸길이 20〜30mm
나오는 때 5〜8월
겨울나기 어른벌레, 애벌레

큰명주딱정벌레 *Calosoma chinense*

큰명주딱정벌레는 낮은 산이나 들, 공원에서도 볼 수 있다. 땅 위 풀밭
에서도 살고 나무 위로 올라가기도 한다. 6〜7월에 가장 많이 돌아다
닌다. 낮에는 흙 속에 방을 만들고 숨어 있다가 밤에 나와 돌아다니며
달팽이나 나무 위에 사는 나방 애벌레, 나비 애벌레 따위를 잡아먹는
다. 밤에 불빛에 날아오기도 한다. 애벌레는 땅속에 사는 작은 벌레를
잡아먹고 산다.

딱정벌레아과
몸길이 25~34mm
나오는 때 6~8월
겨울나기 어른벌레

조롱박딱정벌레 *Acoptolabrus constricticollis constricticollis*

조롱박딱정벌레는 딱지날개가 조롱박처럼 생겨서 이런 이름이 붙었
다. 튀어나온 혹으로 된 세로줄이 3줄씩 있고 그 사이에 더 작은 혹이
튀어나와 줄무늬가 4개씩 있다. 몸은 풀빛으로 반짝거리는데 머리와
앞가슴등판은 구릿빛이 돈다. 산속 풀밭에서 산다. 어른벌레는 6~8
월에 가장 기운차게 돌아다닌다. 밤에 나와 돌아다니는데, 가로등 불
빛 둘레에 떨어져 죽은 나방 따위를 먹기도 한다. 겨울이 되면 어른벌
레가 흙 속에 들어가 겨울을 난다.

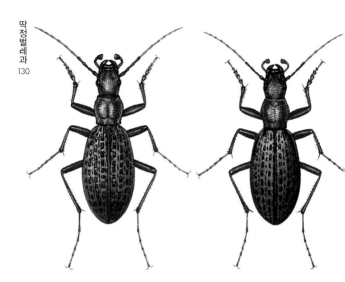

딱정벌레아과
몸길이 23～28mm
나오는 때 5～9월
겨울나기 어른벌레

멋조롱박딱정벌레 *Acoptolabrus mirabilissimus mirabilissimus*

멋조롱박딱정벌레는 우리나라에만 사는 딱정벌레다. 수가 많지 않아서 멸종위기종으로 보호하고 있다. 딱지날개는 풀빛과 자줏빛이 섞여 번쩍거리고 그물처럼 무늬가 나 있다. 뒷날개가 퇴화해서 날지 못한다. 산에서 살면서 밤에 나와 돌아다니며 달팽이나 지렁이 따위를 잡아먹는다.

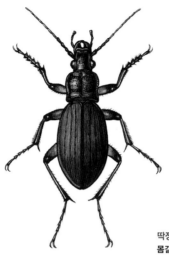

딱정벌레아과
몸길이 19~26mm
나오는 때 6~7월
겨울나기 모름

청진민줄딱정벌레 *Aulonocarabus seishinensis seishinensis*

청진민줄딱정벌레는 고려줄딱정벌레와 닮았는데 더 작다. 또 몸 앞쪽
이 쇠붙이처럼 반짝거려서 구별할 수 있다. 북한 청진에서 처음 찾아
서 이런 이름이 붙었다. 사는 모습은 고려줄딱정벌레와 닮았다.

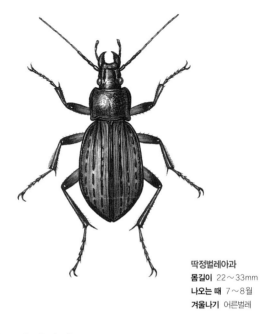

딱정벌레아과
몸길이 22 ~ 33mm
나오는 때 7 ~ 8월
겨울나기 어른벌레

고려줄딱정벌레 *Aulonocarabus koreanus koreanus*

고려줄딱정벌레는 몸이 까맣고 반짝거리지 않는다. 딱지날개에는 볼록한 혹들이 세로로 나란히 나 있다. 우리나라에만 사는 딱정벌레로 산에서 산다. 높은 산에서 더 많이 볼 수 있다. 밤에 나와 돌아다니며 죽은 벌레나 지렁이 따위를 먹는다.

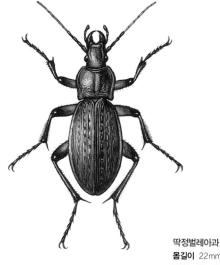

딱정벌레아과
몸길이 22mm 안팎
나오는 때 모름
겨울나기 모름

백두산딱정벌레 *Carabus arvensis faldermanni*

백두산딱정벌레는 온몸이 까맣다. 햇빛을 받으면 푸르스름한 빛이 돈다. 머리방패 가운데가 오목하고 밤색 가시털이 나 있다. 더듬이에는 노란 털이 나 있다. 앞가슴등판은 까맣고 좌우 양쪽 가장자리는 푸른 빛이 난다. 딱지날개에는 돌기가 솟아오른 세로줄이 4줄씩 있다.

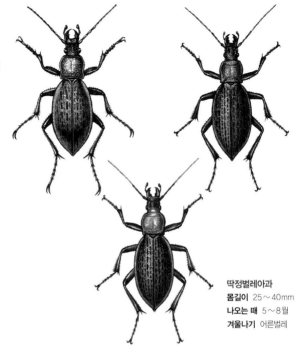

딱정벌레아과
몸길이 25～40mm
나오는 때 5～8월
겨울나기 어른벌레

멋쟁이딱정벌레 *Coptolabrus jankowskii jankowskii*

멋쟁이딱정벌레는 산에서 제법 흔하게 볼 수 있다. 몸빛이 여러 가지다. 홍단딱정벌레와 닮았지만, 멋쟁이딱정벌레는 딱지날개에 난 돌기가 가늘고 길어서 다르다. 봄부터 가을까지 볼 수 있지만 여름에 산에서 많이 볼 수 있다. 낮에는 숨어 있다가 밤에 나와 이리저리 재빠르게 돌아다니면서 벌레나 거미, 달팽이, 지렁이 따위를 잡아먹는다. 뒷날개가 퇴화되어서 날지 못한다. 산속 비탈에 있는 돌 밑이나 썩은 나무 속에서 어른벌레로 겨울을 난다.

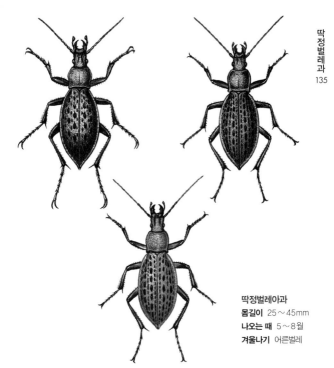

딱정벌레아과
몸길이 25〜45mm
나오는 때 5〜8월
겨울나기 어른벌레

홍단딱정벌레 *Coptolabrus smaragdinus*

홍단딱정벌레는 낮은 산이나 그 둘레 들판에서 산다. 한여름에 많이 볼 수 있다. 우리나라 딱정벌레 가운데 가장 크다. 몸빛이 빨개서 홍단딱정벌레라는 이름이 붙었지만, 등이 풀빛이거나 파란 종도 있는데 이것은 '청단딱정벌레'라고도 한다. 낮에는 돌이나 가랑잎 밑에 숨어 있다가 밤에 나온다. 뒷날개가 퇴화되어서 날지 못하고, 땅 위를 돌아다니면서 땅바닥에 사는 작은 벌레나 지렁이, 민달팽이 따위를 잡아먹는다. 손으로 잡으면 고약한 냄새를 풍긴다.

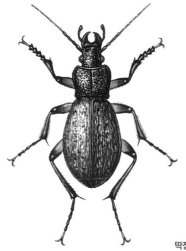

딱정벌레아과
몸길이 17∼22mm
나오는 때 4∼8월
겨울나기 어른벌레

두꺼비딱정벌레 *Coreocarabus fraterculus fraterculus*

두꺼비딱정벌레는 온몸은 까맣다. 딱지날개에 움푹움푹 파인 홈으로 된 줄무늬가 석 줄씩 있다. 딱지날개는 곰보처럼 울퉁불퉁하다. 북부 지방 높은 산에서 주로 볼 수 있다. 4월부터 8월까지 보인다. 낮에는 돌이나 썩은 나무, 가랑잎 밑에 숨어 있다가 밤에 나와 돌아다니며 먹이를 찾는다.

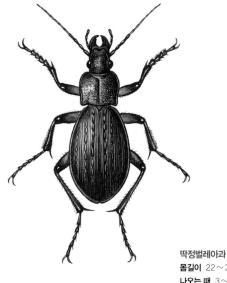

딱정벌레아과
몸길이 22 ～ 33mm
나오는 때 3 ～ 11월
겨울나기 어른벌레

우리딱정벌레 *Eucarabus sternbergi sternbergi*

우리딱정벌레는 산에서 흔하게 볼 수 있다. 산속 축축한 풀밭이나 나무 밑에서 산다. 어른벌레와 애벌레 모두 작은 벌레나 달팽이, 지렁이 따위를 잡아먹는다. 어른벌레로 겨울을 난다. 다른 딱정벌레보다 추위에 강해서 3월 이른 봄이나 11월 늦가을에도 보인다.

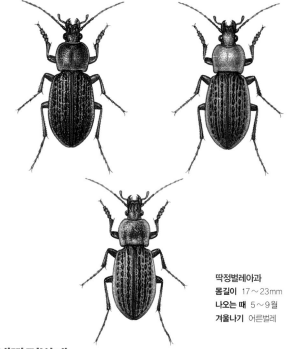

딱정벌레아과
몸길이 17～23mm
나오는 때 5～9월
겨울나기 어른벌레

애딱정벌레 *Hemicarabus tuberculosus*

애딱정벌레는 딱지날개에 돌기가 많다. 몸은 붉은빛과 풀빛이 섞여 있어 여러 가지다. 낮은 산이나 밭 둘레에서 흔하게 볼 수 있다. 5월부터 9월까지 보인다. 낮에는 숨어 있다가 밤에 나와 돌아다니며 작은 벌레나 지렁이, 달팽이 따위를 잡아먹는다.

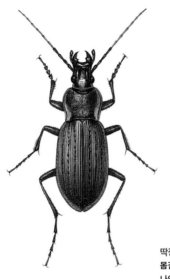

딱정벌레아과
몸길이 30~33mm
나오는 때 5~9월
겨울나기 어른벌레

왕딱정벌레 *Carabus kirinicus*

왕딱정벌레는 우리나라 중부 지방 몇몇 곳에서만 볼 수 있다. 낮은 산이나 들판, 논밭 둘레 풀밭에서 산다. 5월쯤부터 밤에 나와 돌아다니면서 지렁이나 달팽이, 작은 벌레 따위를 잡아먹거나 죽은 곤충을 먹는다. 어른벌레로 겨울을 난다고 알려졌다. 제주왕딱정벌레는 왕딱정벌레와 닮았는데, 딱지날개가 푸른빛이 돈다. 제주도에서 흔히 볼 수 있다.

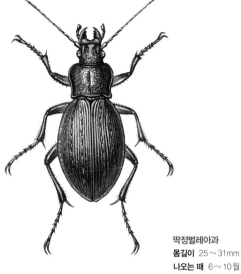

딱정벌레아과
몸길이 25～31mm
나오는 때 6～10월
겨울나기 어른벌레

제주왕딱정벌레 *Carabus saishutoicus*

제주왕딱정벌레는 이름처럼 제주도에서만 산다. 온몸은 까맣지만 파
란빛이 나고, 딱지날개에 가는 세로줄이 많이 나 있다. 딱지날개 가장
자리는 파란빛이 더 돈다. 제주도 들판부터 한라산 1700mm 높이까지
사는데 제법 쉽게 볼 수 있다. 낮에는 숲속 어두운 곳에 숨어 있다가
밤에 나와 땅 위를 돌아다닌다. 달팽이나 지렁이 같은 작은 벌레를 잡
아먹는다. 뒷날개가 퇴화해서 날지 못한다.

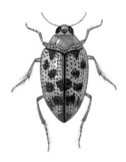

몸길이 3~4mm
나오는 때 5~9월
겨울나기 모름

극동물진드기 *Haliplus basinotatus*

극동물진드기는 온 나라에서 산다. 샤아프물진드기와 함께 논에서 볼 수 있다. 샤아프물진드기와 닮았다. 샤아프물진드기는 딱지날개가 맞 붙는 곳 가운데에 커다란 까만 무늬가 있다. 어른벌레는 물속에서 헤 엄치기 쉽도록 뒷다리 종아리마디에 부드러운 털이 한 줄 나 있다. 애 벌레는 물속 물풀을 갉아 먹고, 어른벌레는 물속에 사는 작은 벌레를 잡아먹는다.

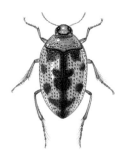

몸길이 3 ~ 4mm
나오는 때 4 ~ 10월
겨울나기 모름

샤아프물진드기 *Haliplus sharpi*

샤아프물진드기는 물진드기 무리 가운데 딱지날개에 있는 까만 무늬
가 가장 진하고 뚜렷하며, 반짝거린다. 뒷머리에 까만 얼룩무늬가 있
다. 논이나 연못, 물웅덩이, 저수지에서 산다. 경기도에서는 애물진드
기 다음으로 많이 잡는다.

몸길이 3mm 안팎
나오는 때 5 ~ 10월
겨울나기 모름

알락물진드기 *Haliplus simplex*

알락물진드기는 딱지날개에 있는 검은 무늬가 얼룩덜룩하다. 더듬이
와 양쪽 수염은 노랗다. 앞가슴등판은 짧고 점무늬가 있다. 물이 고여
있는 연못, 논, 물웅덩이나 물이 잔잔히 흐르는 농수로에서 산다. 물속
에 사는 작은 벌레를 먹고 산다. 애벌레는 축축한 물가에서 번데기가
된다. 2 ~ 4주쯤 지나면 어른벌레로 날개돋이 한다.

몸길이 3mm 안팎
나오는 때 4～10월
겨울나기 모름

물진드기 *Peltodytes intermedius*

물진드기는 논이나 웅덩이, 연못, 시내, 강에서 산다. 충청북도에 있는 논에서 가장 많이 볼 수 있다. 가슴등판에는 점무늬가 1쌍 있다. 뒷머리 눈 사이에는 까만 점무늬가 없다. 물살이 느리거나 고여 있고 물풀이 수북이 자란 곳에서 지낸다. 깔따구나 실지렁이 같은 작은 물속 벌레를 잡아먹는다.

몸길이 3~4mm 안팎
나오는 때 3~10월
겨울나기 모름

중국물진드기 *Peltodytes sinensis*

중국물진드기는 뒷머리 눈 사이와 가슴등판에 까만 점무늬가 1쌍씩
있다. 딱지날개에 있는 검은 무늬는 개체에 따라 변이가 많다. 논이나
연못, 호수, 물웅덩이에서 흔하게 볼 수 있다. 물속 물풀에 붙어 있다
가 물속에 사는 작은 벌레를 잡아먹는다.

몸길이 4mm 안팎
나오는 때 4∼10월
겨울나기 모름

자색물방개 *Noterus japonicus*

자색물방개는 논이나 웅덩이, 연못에서 산다. 물풀이 수북이 자란 곳
에서 지낸다. 물속에 들어가 작은 물속 벌레를 잡아먹고, 죽은 물고기
나 개구리 따위를 뜯어 먹기도 한다. 깨알물방개와 생김새가 닮았는
데, 자색물방개는 딱지날개 뒤 가장자리에 깊게 파인 홈이 옆으로 나
있어서 다르다.

몸길이 3mm 안팎
나오는 때 5 ～ 11월
겨울나기 모름

노랑띠물방개 *Canthydrus politus*

노랑띠물방개는 머리와 앞가슴등판이 노랗다. 딱지날개에는 짙은 무
늬가 있다. 남부 지방과 제주도에서 주로 볼 수 있다. 자색물방개와 사
는 모습은 비슷하다. 논이나 웅덩이, 연못에서 산다. 물풀이 수북하게
자란 곳에서 지낸다. 작은 물속 벌레나 죽은 물고기를 뜯어 먹는다.

몸길이 10mm 안팎
나오는 때 4〜9월
겨울나기 모름

큰땅콩물방개 *Agabus regimbarti*

큰땅콩물방개는 머리와 가슴이 까맣고, 앞가슴등판 옆 가장자리는 노랗다. 머리에는 빨간 점이 두 개 있다. 딱지날개 가장자리는 노랗다. 높은 산에 있는 늪이나 물이 얕은 작은 저수지까지 물풀이 수북하게 자란 물가에서 볼 수 있다. 냇물이나 묵은 논에서도 쉽게 볼 수 있다. 물낯에 올라와 딱지날개 밑과 꽁무니에 공기 방울을 채우고 물속으로 들어간다. 물풀 줄기에 붙어 있거나 이리저리 헤엄쳐 다니며 작은 물속 동물을 잡아먹는다. 공기 방울을 채우려고 자주 물낯을 오르내린다.

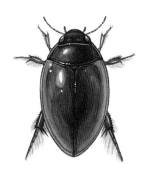

몸길이 6〜8mm
나오는 때 4〜8월
겨울나기 모름

땅콩물방개 *Agabus japonicus*

땅콩물방개는 머리에 빨간 무늬가 2개 있다. 머리와 앞가슴등판은 까맣고, 딱지날개는 어두운 밤색이다. 다른 물방개와 사는 모습은 비슷하다. 연못이나 늪, 작은 저수지, 논도랑에서 볼 수 있다. 산골짜기에 있는 맑은 물웅덩이에서도 볼 수 있다. 짝짓기를 마친 암컷은 봄부터 여름 사이에 알을 낳는다.

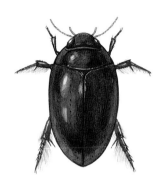

몸길이 6~7mm
나오는 때 7~8월
겨울나기 모름

검정땅콩물방개 *Agabus conspicuus*

검정땅콩물방개는 온몸이 까맣고 반짝거린다. 머리에는 빨간 무늬가
두 개 있다. 더듬이는 누런 밤색이고, 다리는 불그스름한 검정색이다.

몸길이 5mm 안팎
나오는 때 4～7월
겨울나기 모름

애등줄물방개 *Copelatus weymarni*

애등줄물방개는 온몸이 짙은 밤색이고, 배는 까맣다. 앞가슴등판 바깥쪽 테두리만 밝은 밤색을 띤다. 주로 물이 얕은 작은 저수지에 산다. 또 논에 모내기하려고 가둔 물이나 써레질한 논 귀퉁이에 몰려 있기도 한다. 어른벌레는 4월부터 7월까지 보인다.

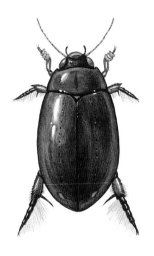

몸길이 21 ~ 24mm
나오는 때 4 ~ 10월
겨울나기 어른벌레

검정물방개 *Cybister brevis*

온몸이 까매서 '검정물방개'다. 딱지날개 끄트머리에는 흐릿한 빨간 점
이 한 쌍 있다. 수컷은 앞다리 발목마디 아래쪽에 넓적한 빨판이 있다.
논이나 연못 같이 물이 고인 곳에서 살면서 물고기나 올챙이, 물자라
나 죽은 동물도 먹는다. 봄에서 여름까지 물풀 줄기 속에 알을 한 개
씩 낳는다. 알에서 나온 애벌레는 허물을 두 번 벗고 다 자라면 물가로
올라와 흙을 파고 들어가 번데기 방을 만든다. 열흘쯤 지나면 어른벌
레가 된다.

수컷

암컷

몸길이 35～40mm
나오는 때 4～10월
겨울나기 어른벌레

물방개 *Cybister japonicus*

물방개는 우리나라에 사는 물방개 가운데 몸집이 가장 크다. 온 나라 연못이나 웅덩이, 논, 도랑에서 산다. 물이 얕고 물풀이 수북하게 자란 곳에서 산다. 어른벌레와 애벌레 모두 물속에서 산다. 물에 사는 벌레나 물고기, 달팽이 따위를 잡아먹고, 죽은 물고기나 개구리도 뜯어 먹는다. 뒷다리가 배를 젓는 노처럼 생기고 가는 털이 잔뜩 나 있어서 빠르게 헤엄을 칠 수 있다. 밤에 불빛을 보고 날아오기도 한다.

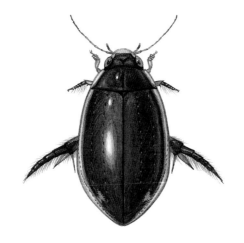

몸길이 23～25mm
나오는 때 4～10월
겨울나기 어른벌레

동쪽애물방개 *Cybister lewisianus*

동쪽애물방개는 다른 물방개와 사는 모습이 거의 닮았다. 생김새도 물방개를 닮았는데, 물방개보다 몸집이 작다. 온 나라에서 살지만 물방개보다 훨씬 드물게 볼 수 있다. 어른벌레와 애벌레 모두 물속에서 작은 벌레나 물고기, 올챙이 따위를 잡아먹는다. 밤에 불빛으로 날아오기도 한다. 어른벌레로 겨울을 난다.

몸길이 11 ~ 16mm
나오는 때 5 ~ 8월
겨울나기 어른벌레

잿빛물방개 *Eretes griseus*

잿빛물방개는 딱지날개에 까만 무늬가 세로로 석 줄씩 나 있다. 다른 물방개와 사는 모습은 닮았다. 웅덩이와 연못처럼 물이 고여 있는 곳에 살지만 몇몇 곳에서만 드물게 볼 수 있다. 밤에 불빛으로 잘 날아온다. 어른벌레로 겨울을 난다.

몸길이 12 ~ 15mm
나오는 때 5 ~ 11월
겨울나기 모름

아담스물방개 *Graphoderus adamsii*

아담스물방개는 머리가 밤색이고, 뒤쪽에 V자처럼 생긴 까만 무늬가 있다. 다른 물방개와 사는 모습은 닮았다. 온 나라 논이나 연못, 물웅 덩이에서 산다. 봄에 모내기하려고 물을 대면 논에 들어와 알을 낳는 다. 물속에서 기관으로 숨을 쉴 수 있지만, 딱지날개와 등판 사이에 공 기를 채워 숨을 쉬기도 한다. 작은 물속 벌레를 잡아먹고, 물고기나 개 구리를 잡거나 죽은 동물을 뜯어 먹기도 한다.

몸길이 2mm 안팎
나오는 때 4~11월
겨울나기 모름

꼬마물방개 *Hydroglyphus japonicus*

꼬마물방개는 딱지날개가 누런 밤색이고 검은 밤색 세로줄이 2~3개나 있다. 온 나라 논이나 웅덩이, 연못, 저수지처럼 물이 고여 있고, 진흙이 깔린 곳에서 산다. 사는 모습은 다른 물방개와 닮았다. 물속에서도 숨을 쉴 수 있지만, 꽁무니에 공기 방울을 달고 물속에 들어가기도 한다. 작은 물속 벌레를 잡아먹고, 물고기나 개구리를 잡거나 죽은 동물을 뜯어 먹기도 한다.

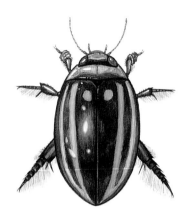

몸길이 10~15mm
나오는 때 4~10월
겨울나기 모름

줄무늬물방개 *Hydaticus bowringii*

딱지날개에 줄무늬가 나 있다고 줄무늬물방개다. 다른 물방개처럼 웅덩이나 연못, 논, 저수지에서 사는데 높은 산에서도 보인다. 물속에 사는 작은 벌레나 물고기, 개구리 따위를 잡아먹고, 죽은 동물도 뜯어먹는다.

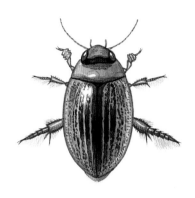

몸길이 10mm 안팎
나오는 때 3∼11월
겨울나기 어른벌레

꼬마줄물방개 *Hydaticus grammicus*

꼬마줄물방개는 다른 물방개와 사는 모습이 닮았다. 연못이나 늪, 웅덩이, 느릿느릿 흐르는 시내에서 산다. 어른벌레나 애벌레나 모두 물속에 사는 작은 벌레나 물고기 따위를 잡아먹고, 죽은 동물을 뜯어먹기도 한다. 날기도 잘 해서 여름에는 불빛을 보고 날아오기도 한다. 어른벌레는 축축한 땅속에서 겨울을 난다. 봄부터 여름 사이에 알을 낳는다.

몸길이 4～5mm 안팎
나오는 때 5～10월
겨울나기 모름

알물방개 *Hyphydrus japonicus vagus*

알물방개는 딱지날개에 검은 얼룩무늬가 있는데, 종마다 무늬가 여러 가지다. 물웅덩이나 연못처럼 물이 고여 있는 곳에서 산다. 모내기를 마친 논에서도 볼 수 있다. 물속을 재빠르게 돌아다니며 작은 물속 벌레나 물고기, 개구리 따위를 잡아먹고 죽은 동물을 뜯어 먹는다.

몸길이 17mm 안팎
나오는 때 4~10월
겨울나기 어른벌레

큰알락물방개 *Hydaticus conspersus*

큰알락물방개는 우리나라 제주도에서만 사는 물방개다. 물이 더럽지 않는 연못이나 물이 느릿느릿 흐르는 시내에서 산다. 다른 물방개처럼 물속에 사는 작은 벌레나 물고기를 잡아먹고 죽은 물고기나 개구리 따위를 뜯어 먹는다. 애벌레도 물속에 살면서 물속 벌레를 잡아먹는다. 어른벌레로 겨울을 난다고 알려졌다.

몸길이 10mm 안팎
나오는 때 4 ~ 10월
겨울나기 모름

모래무지물방개 *Ilybius apicalis*

모래무지물방개는 머리와 앞가슴등판이 붉은 밤색이다. 딱지날개는 까맣고 옆 가장자리는 누렇다. 온 나라 논이나 연못, 웅덩이에서 산다. 또 냇물이나 강에서 느릿느릿 흐르는 곳에서도 산다. 물속에서 기관으로 숨을 쉴 수 있지만 꽁무니에 공기 방울을 달고 물속으로 들어가기도 한다. 물속에 사는 작은 벌레를 잡아먹고, 물고기나 개구리도 잡아먹는다. 물속에 죽은 동물도 뜯어 먹는다.

몸길이 4 ~ 5mm 안팎
나오는 때 3 ~ 10월
겨울나기 모름

깨알물방개 *Laccophilus difficilis*

깨알물방개는 깨알만큼 크기가 작다고 붙은 이름이다. 논이나 연못처럼 물이 고여 있는 곳에서 많이 살고 가끔 시냇가나 강가처럼 물이 느릿느릿 흐르는 곳에서도 보인다. 딱지날개와 배 사이 공간에 공기를 넣은 뒤 물속으로 들어간다. 물속을 돌아다니며 작은 물속 벌레를 잡아먹고 죽은 동물을 뜯어 먹는다. 봄부터 여름 사이에 짝짓기를 하고 알을 낳는다.

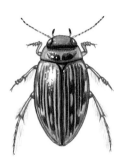

몸길이 5mm 안팎
나오는 때 5～7월
겨울나기 모름

혹외줄물방개 *Nebrioporus hostilis*

혹외줄물방개는 머리 아래쪽 가장자리가 까맣다. 앞가슴등판에 까만 점이 2개 나 있고, 딱지날개에는 까만 세로줄과 무늬가 나 있다. 딱지 날개 맨 아래쪽 끝에 날카로운 돌기가 양쪽에 2개 나 있다. 강이나 냇 물이 천천히 흐르는 곳에서도 살고 웅덩이, 연못처럼 고인 물에서도 산다. 온 나라에서 볼 수 있다. 물풀이 수북하게 자란 곳을 좋아한다. 물속 작은 벌레를 잡아먹는다. 때로는 물고기나 개구리를 잡아먹고, 죽은 동물을 뜯어 먹기도 한다.

몸길이 10～15mm
나오는 때 3～11월
겨울나기 어른벌레

애기물방개 *Rhantus suturalis*

애기물방개는 웅덩이나 연못, 버려진 논에서 볼 수 있다. 가끔 빗물이 고인 웅덩이에서도 흔히 보인다. 물속에 사는 작은 벌레나 물고기를 잡아먹고, 죽은 물고기도 뜯어 먹는다. 밤에 불빛을 보고 날아오기도 한다. 봄부터 여름 사이에 알을 낳는다. 애벌레도 물속에서 살면서 물속 벌레를 잡아먹는다. 어른벌레로 겨울을 난다.

몸길이 4～5mm
나오는 때 5～9월
겨울나기 모름

참물맴이 *Gyrinus gestroi*

참물맴이는 다른 물맴이와 달리 딱지날개에 있는 홈 줄이 뚜렷하지 않다. 다른 물맴이와 사는 모습은 비슷하다. 웅덩이나 연못, 논에서 볼 수 있다. 여러 마리가 물낯에 떠서 빙글빙글 돌며 헤엄친다.

몸길이 5～7mm
나오는 때 4～10월
겨울나기 어른벌레

물맴이 *Gyrinus japonicus francki*

물맴이는 물이 느릿느릿 흐르는 골짜기나 웅덩이, 논, 연못에서 산다. 여러 마리가 물낯에서 빙빙 돌며 헤엄치다가 물낯에 떨어진 벌레를 잡아먹는다. 앞다리는 굉장히 길고, 가운뎃다리와 뒷다리는 앞다리 절반 길이밖에 안 된다. 가운뎃다리와 뒷다리를 빨리 돌려 저으면서 뱅글뱅글 돈다. 그러다가 위험을 느끼면 물속으로 들어가기도 한다. 어른벌레로 겨울을 난다.

몸길이 8 ～ 10mm
나오는 때 4 ～ 10월
겨울나기 어른벌레

왕물맴이 *Dineutus orientalis*

왕물맴이는 물맴이 무리 가운데 몸이 가장 크다. 온몸은 까맣고 보는 각도에 따라 여러 빛깔로 반짝거린다. 물맴이와 사는 모습은 비슷하다. 어른벌레나 애벌레나 다 물에서 산다. 어른벌레는 물낯에서 헤엄치고, 애벌레는 물 밑바닥 진흙 속이나 물풀 뿌리 둘레에서 숨어 산다. 어른벌레는 물낯에 떨어진 벌레를 잡아먹고, 애벌레는 가까이 다가오는 물속 동물을 잡아먹는다.

물땡땡이아과
몸길이 4mm 안팎
나오는 때 모름
겨울나기 모름

알물땡땡이 *Amphiops mater mater*

알물땡땡이는 딱지날개가 위로 볼록하고, 희미한 홈이 파인 줄이 8개씩 있다. 저수지로 물이 흘러 들어오는 얕고 물풀이 수북하게 자란 곳에서 보인다. 웅덩이나 논, 연못에서도 산다. 다른 물땡땡이와 사는 모습은 닮았다. 자주 배를 뒤집고 거꾸로 헤엄치며 다닌다. 썩은 물풀 따위를 먹는다.

물땡땡이아과
몸길이 4mm 안팎
나오는 때 4~8월
겨울나기 모름

뒷가시물땡땡이 *Berosus lewisius*

뒷가시물땡땡이는 딱지날개에 세로로 난 홈 줄이 10줄씩 있다. 딱지날개 끝 가장자리에 침처럼 뾰족한 돌기가 1쌍 있다. 바다를 막아 만든 논에서 많이 보인다. 다른 물땡땡이와 사는 모습은 닮았다. 물속을 기어 다니면서 썩은 물풀을 갉아 먹는다.

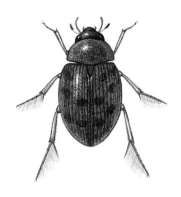

물땡땡이아과
몸길이 6～7mm
나오는 때 4～10월
겨울나기 모름

점박이물땡땡이 *Berosus punctipennis*

점박이물땡땡이는 머리가 까맣다. 딱지날개에 짙은 무늬가 나 있다.
세로로 홈이 파여 난 줄이 10개씩 있다. 논이나 저수지, 물웅덩이, 논
도랑에서 산다. 다른 물땡땡이와 사는 모습은 닮았다.

물땡땡이아과
몸길이 5~7mm
나오는 때 4~10월
겨울나기 모름

애넓적물땡땡이 *Enochrus simulans*

애넓적물땡땡이는 몸이 누런 밤색으로 반짝거린다. 딱지날개 앞에 까만 무늬가 있다. 온 나라 논이나 연못처럼 물이 고여 있는 웅덩이에서 산다. 어른벌레는 물풀을 갉아 먹고, 애벌레는 물속 벌레나 물달팽이 따위를 잡아먹는다. 밤에 불빛을 보고 날아오기도 한다. 봄부터 여름 사이에 알을 낳는다.

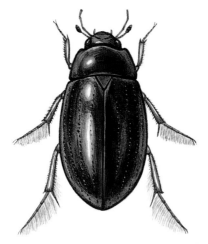

물땡땡이아과
몸길이 15 ~ 20mm
나오는 때 5 ~ 10월
겨울나기 모름

잔물땡땡이 *Hydrochara affinis*

잔물땡땡이는 들판에 있는 웅덩이나 논에서 산다. 어른벌레는 물속에 있는 풀을 갉아 먹고, 애벌레는 물속에 사는 작은 벌레 따위를 잡아먹는다. 어른벌레로 겨울을 나고, 이듬해 봄에 모내기를 하려고 논에 물을 댈 때 논에 와서 알을 낳는다. 짝짓기를 마친 암컷은 알 주머니를 낳아 물낯 가까이에 있는 물풀에 붙인다. 딱지날개가 짙은 청색이나 검정색이고, 다리와 더듬이는 붉은 밤색을 띠어서 북방물땡땡이와 구별한다. 북방물땡땡이는 딱지날개와 다리, 더듬이가 모두 까맣다.

물땡땡이아과
몸길이 18mm 안팎
나오는 때 4 ~ 11월
겨울나기 어른벌레

북방물땡땡이 *Hydrochara libera*

북방물땡땡이는 잔물땡땡이와 닮았다. 하지만 딱지날개와 다리, 더듬이가 모두 까매서 다르다. 물이 고인 웅덩이나 논에서 볼 수 있다. 어른벌레는 물속에 자라는 물풀을 뜯어 먹고 물속에 사는 물달팽이 같은 동물이나 죽은 동물을 뜯어 먹기도 한다. 밤에 불빛에 날아오기도 한다. 날씨가 추워지면 땅속에 들어가 어른벌레로 겨울을 난다. 이듬해 봄에 나온 어른벌레는 저수지나 물웅덩이에 있다가, 모내기를 하려고 논에 물을 댈 때 논에 와서 알을 낳는다.

물땡땡이아과
몸길이 32 ~ 40mm
나오는 때 4 ~ 11월
겨울나기 애벌레, 어른벌레

물땡땡이 *Hydrophilus accuminatus*

물땡땡이는 우리나라에 사는 물땡땡이 가운데 몸집이 가장 크다. 물풀이 수북하게 자란 물가나 연못, 논처럼 물이 고인 웅덩이에서 산다. 어른벌레는 뒷다리를 번갈아 저으면서 물속을 헤엄쳐 다니며 물풀을 갉아 먹고 때때로 죽은 동물을 먹는다. 애벌레는 물속에 사는 작은 물고기나 벌레, 물달팽이 따위를 잡아먹는다. 짝짓기를 마친 암컷은 알주머니를 낳아 물낮 가까이에 있는 물풀에 붙인다. 밤에 불빛을 보고 날아오기도 한다. 애벌레나 어른벌레로 겨울을 난다고 알려졌다.

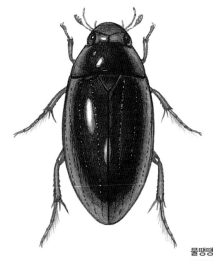

물땡땡이아과
몸길이 23～28mm
나오는 때 7～9월
겨울나기 모름

남방물땡땡이 *Hydrophilus bilineatus cashimirensis*

남방물땡땡이는 물땡땡이와 닮았다. 하지만 물땡땡이는 다리가 까맣고, 남방물땡땡이는 붉은 밤색을 띤다. 남방물땡땡이가 물땡땡이보다 작다. 또 더듬이가 노랗고, 배를 뒤집으면 보이는 뾰족한 돌기가 더 길다. 모든 종아리마디에 날카로운 가시가 1쌍씩 있다. 다른 물땡땡이와 사는 모습은 닮았다. 물풀이 수북하게 자란 물가에서 산다. 어른벌레는 물풀을 뜯어 먹고, 때때로 죽은 동물을 뜯어 먹기도 한다. 애벌레는 물속에 살면서 물달팽이 같은 물속 벌레를 잡아먹는다.

물땡땡이아과
몸길이 3mm 안팎
나오는 때 4〜10월
겨울나기 모름

점물땡땡이 *Laccobius bedeli*

점물땡땡이는 몸집이 아주 작다. 딱지날개에 까만 점무늬가 세로로 줄을 이뤄 21줄씩 나 있다. 산골짜기에 만든 논에서 산다. 찬물이 고여 있는 이끼 속에서 많이 보인다.

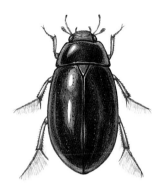

물땡땡이아과
몸길이 10mm 안팎
나오는 때 4 ～ 10월
겨울나기 어른벌레

애물땡땡이 *Sternolophus rufipes*

애물땡땡이는 잔물땡땡이와 생김새가 닮았다. 애물땡땡이는 딱지날개
가 매끈하고, 작은 홈으로 이어진 줄무늬가 4줄씩 희미하게 나 있다.
또 딱지날개 가장자리가 노랗다. 앞머리에 八자처럼 생긴 홈 줄무늬가
있다. 저수지나 물웅덩이, 묵은 논에서 산다. 다른 물땡땡이와 사는 모
습은 닮았다. 어른벌레는 물풀을 갉아 먹는다. 밤에 불빛으로 잘 날아
온다. 날씨가 추워지면 흙 속에 들어가 어른벌레로 겨울을 난다.

풍뎅이붙이아과
몸길이 8～12mm
나오는 때 4월쯤부터
겨울나기 어른벌레

아무르납작풍뎅이붙이 *Hololepta amurensis*

아무르 지방에서 처음 찾았다고 '아무르납작풍뎅이붙이'다. 딱지날개가 밑빠진벌레과처럼 배를 다 덮지 못한다. 딱지날개 끝에 줄무늬가 여러 개 나 있다. 참나무 줄기껍질 밑에서 많이 산다. 몸이 납작해서 나무껍질 밑을 잘 걸어 다닌다. 껍질 속을 돌아다니면서 큰턱으로 다른 벌레를 잡아먹고 나무도 갉아 먹는다. 또 죽은 동물에 꼬이는 파리 애벌레도 잡아먹는다. 어른벌레로 겨울을 난다. 위험을 느끼면 죽은 척 꼼짝 않고 있다가 잠잠하다 싶으면 나무껍질 밑으로 도망친다.

풍뎅이붙이아과
몸길이 10mm 안팎
나오는 때 3~11월
겨울나기 어른벌레

풍뎅이붙이 *Merohister jekeli*

풍뎅이붙이는 온몸이 까맣게 반짝거린다. 딱지날개가 짧아서 배 끝 두 마디가 드러난다. 딱지날개에 세로줄이 5개씩 있다. 들판 풀밭에서 볼 수 있다. 6~7월에 가장 많이 보인다. 썩은 나무 나무껍질 밑에서 여러 가지 작은 벌레를 잡아먹고 산다. 또 죽은 동물이나 동물 똥에 꼬이는 구더기를 잡아먹기도 한다. 어른벌레로 겨울을 난다.

송장벌레아과
몸길이 9 ~ 12mm
나오는 때 4 ~ 11월
겨울나기 어른벌레

곰보송장벌레 *Thanatophilus rugosus*

곰보송장벌레는 가슴과 딱지날개에 곰보처럼 많은 돌기가 우툴두툴 나 있다. 온몸은 까만데, 보는 각도에 따라 파란빛이 돈다. 중부와 북부 지방에서 볼 수 있다. 봄부터 나와 돌아다니면서 동물 똥이나 죽은 동물에 꼬인다. 강가에 떠내려온 죽은 물고기 밑에도 꼬인다. 죽은 동물 밑에 들어가 땅을 파서 그대로 주검을 묻는다. 돌 밑에서 어른벌레로 겨울을 난다.

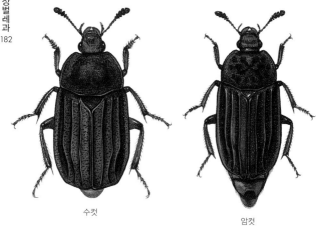

수컷

암컷

송장벌레아과
몸길이 14mm 안팎
나오는 때 5～8월
겨울나기 모름

좀송장벌레 *Thanatophilus sinuatus*

좀송장벌레는 온몸이 까맣다. 머리는 볼록하고 더듬이는 어두운 밤색이다. 딱지날개는 길이가 짧아서 배 끝 세 마디가 드러난다. 몸 아래쪽에는 누런 털이 많이 나 있다. 어른벌레는 썩은 물질이나 죽은 동물에 꼬인다. 쓰레기 더미에서도 볼 수 있다.

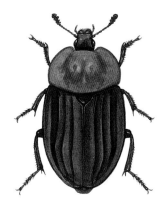

송장벌레아과
몸길이 11 ~ 16mm
나오는 때 6 ~ 8월
겨울나기 모름

우단송장벌레 *Oiceoptoma thoracicum*

우단송장벌레는 몸이 까맣지만 앞가슴등판은 빨갛다. 앞가슴등판 가운데에 까만 무늬가 있지만, 없는 종도 많아서 대모송장벌레와 생김새가 닮았다. 딱지날개 양쪽에는 세로로 솟은 줄이 3개씩 있다. 딱지날개 앞쪽 가장자리에 있는 세로줄은 짧고 작다. 어른벌레는 높은 산에서 산다. 짐승 똥이나 썩은 물질, 죽은 동물에 꼬인다.

송장벌레아과
몸길이 10 ~ 15mm
나오는 때 4 ~ 10월
겨울나기 어른벌레

네눈박이송장벌레 *Dendroxena sexcarinata*

네눈박이송장벌레는 이름처럼 딱지날개에 까만 점이 네 개 있다. 앞가
슴등판 가운데에도 까만 무늬가 있다. 낮은 산에서 볼 수 있다. 다른
송장벌레와 달리 낮에 이 나무 저 나무 숲속을 날아다니다가 나뭇잎
위에 있는 나비나 나방 애벌레를 잡아먹는다. 날이 추워지면 나무껍질
이나 가랑잎 밑에 들이가 어른벌레로 겨울을 난다.

송장벌레아과
몸길이 15〜20mm
나오는 때 6〜8월
겨울나기 어른벌레

넓적송장벌레 *Silpha perforata*

넓적송장벌레는 큰넓적송장벌레와 닮았다. 넓적송장벌레는 등이 더 높고 겉이 더 우툴두툴하다. 또 더듬이 마지막 네 마디가 넓다. 큰넓적송장벌레는 몸이 더 크고 딱지날개 바깥쪽에 나 있는 세로줄이 짧다. 넓적송장벌레는 제법 높은 산에서 산다. 썩은 동물에 꼬여 갉아 먹는다. 날개가 없어 날지 못한다. 짝짓기를 마친 암컷은 흙 속에 알을 낳는다. 알에서 나온 애벌레는 썩은 동물을 먹는다. 한 해에 한 번 날개돋이 한다. 어른벌레로 겨울을 난다.

송장벌레아과
몸길이 12∼23mm
나오는 때 5∼8월
겨울나기 어른벌레

큰넓적송장벌레 *Necrophila jakowlewi jakowlewi*

큰넓적송장벌레는 이름처럼 몸이 넓적하다. 딱지날개는 푸른빛이 도는 검은색이다. 딱지날개 양쪽에 세로줄이 네 개씩 있는데, 안쪽에 있는 두 줄은 날개 끝까지 뻗고 바깥쪽 줄은 짧다. 산이나 들판에 흔하다. 낮에는 가랑잎 밑에 숨어 있다가 밤에 나와 돌아다니다가 지렁이나 개구리, 쥐 같은 작은 동물 주검에 많이 꼬인다. 밤에 불빛에도 날아온다. 겨울이 되면 썩은 나무나 흙 속에 들어가 겨울잠을 잔다. 이른 봄에 나와 짝짓기를 하고 알을 낳는다. 여름에 어른벌레가 나온다.

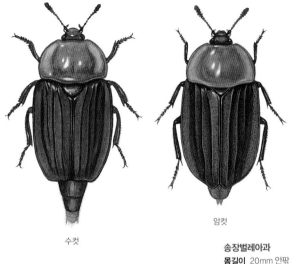

수컷   암컷

송장벌레아과
몸길이 20mm 안팎
나오는 때 6~9월
겨울나기 어른벌레

대모송장벌레 *Necrophila brunneicollis brunneicollis*

대모송장벌레는 머리와 딱지날개는 까만데, 앞가슴등판만 붉다. 낮은 산에서 볼 수 있다. 낮에도 가끔 날아다니지만, 거의 밤에 나와 돌아 다니면서 동물 주검에 꼬인다. 썩은 냄새가 풍기는 노란망태버섯에도 몰려들어 버섯을 갉아 먹는다. 짝짓기를 마친 암컷은 동물 주검에 산 란관을 꽂고 알을 낳는다. 알에서 나온 애벌레는 주검을 파먹고 살다 가 다 자라면 땅속이나 동물 주검 속에서 번데기가 된다. 어른벌레는 나무껍질 속이나 땅속에서 겨울을 난다.

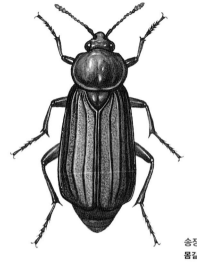

송장벌레아과
몸길이 15~25mm
나오는 때 6~8월
겨울나기 어른벌레

큰수중다리송장벌레 *Necrodes littoralis*

큰수중다리송장벌레는 온몸이 푸르스름한 검은색이다. 수컷은 뒷다리 허벅지마디가 아주 굵고, 종아리마디는 활처럼 안쪽으로 휘어서 암컷과 다르다. 수중다리는 다리가 부어올랐다는 뜻이다. 수컷 뒷다리가 굵어서 붙은 이름이다. 더듬이 끝 세 마디는 누런 밤색이다. 동물 주검에 꼬이고, 그 속에 알을 낳는다. 밤에 불빛으로 날아오기도 하고 가끔 구더기가 있는 뒷간에도 온다. 애벌레도 썩은 고기를 먹는다. 어른벌레로 겨울을 난다고 한다.

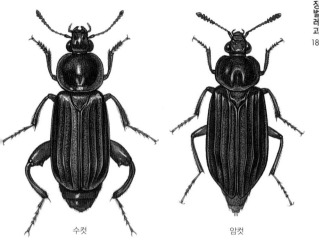

수컷

암컷

송장벌레아과
몸길이 15~20mm
나오는 때 5~9월
겨울나기 모름

수중다리송장벌레 *Necrodes nigricornis*

수중다리송장벌레는 큰수중다리송장벌레와 닮았다. 수중다리송장벌레는 더듬이 끝 세 마디가 까매서 다르다. 수중다리송장벌레 암컷은 딱지날개가 배보다 길고 끝이 뾰족하다. 수컷은 뒷다리 허벅지마디 안쪽에 가시처럼 생긴 돌기가 있다. 큰수중다리송장벌레처럼 죽은 동물에 꼬인다.

수컷

암컷

무늬꼬마검정송장벌레
Ptomascopus plagiatus

곤봉송장벌레아과
몸길이 8～15mm
나오는 때 6～9월
겨울나기 모름

꼬마검정송장벌레 *Ptomascopus morio*

꼬마검정송장벌레는 딱지날개가 아주 짧아서 배가 반쯤 드러난다. 더듬이가 네 번째 마디부터 끝까지 곤봉처럼 부풀었다. 숲 가장자리나 골짜기에서 산다. 다른 송장벌레와 사는 모습이 닮았다. 죽은 동물에 꼬여 주검을 땅에 파묻는다. 9～10월에도 산길 둘레 돌 위에서 자주 보인다. 겨울이 되면 흙 속에 들어가 어른벌레로 겨울을 난다. 무늬꼬마검정송장벌레는 꼬마검정송장벌레와 닮았는데, 딱지날개에 빨간 무늬가 있다.

곤봉송장벌레아과
몸길이 20mm 안팎
나오는 때 7월쯤
겨울나기 모름

작은송장벌레 *Nicrophorus basalis*

작은송장벌레는 머리가 까맣고 정수리에 빨간 무늬가 있다. 앞가슴
등판도 까맣다. 딱지날개에는 빨간 무늬가 나 있다. 배 아래쪽에는 누
런 털이 잔뜩 나 있다. 더듬이 끝 세 마디는 곤봉처럼 볼록하고 주황색
이다.

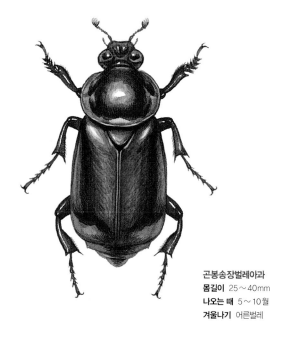

곤봉송장벌레아과
몸길이 25~40mm
나오는 때 5~10월
겨울나기 어른벌레

검정송장벌레 *Nicrophorus concolor*

검정송장벌레는 송장벌레 무리 가운데 몸집이 가장 크다. 이름처럼 온
몸은 까맣고 반짝거린다. 더듬이 마지막 세 마디는 누렇다. 딱지날개
에는 불룩 튀어나온 선이 두 줄 있다. 뒷다리 종아리마디가 안쪽으로
심하게 굽었다. 산에서 흔하게 보인다. 봄부터 가을까지 볼 수 있지만
6~8월 여름에 많이 볼 수 있다. 밤에 나와 땅 위를 기어 다니면서 여
러 죽은 동물에 꼬인다. 불빛에 날아오기도 한다. 건드리면 다리를 쭉
뻗고 입에서 거품을 내며 고약한 냄새를 풍기고 죽은 척한다.

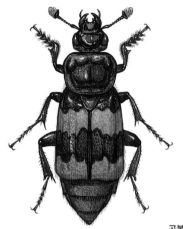

곤봉송장벌레아과
몸길이 15〜22mm
나오는 때 4〜9월
겨울나기 어른벌레

긴무늬송장벌레 *Nicrophorus investigator*

긴무늬송장벌레는 머리와 앞가슴등판은 까맣고, 딱지날개에는 주홍
빛 무늬가 나 있다. 더듬이 끝은 볼록하고 주홍색이다. 어른벌레는 산
에서 7월에 많이 보인다. 죽은 동물에 꼬인다.

곤봉송장벌레아과
몸길이 23mm 안팎
나오는 때 6~9월
겨울나기 모름

송장벌레 *Nicrophorus japonicus*

송장벌레는 딱지날개가 까맣고 빨간 무늬 4개가 물결처럼 나 있다. 딱지날개가 짧아서 배 끝 3마디는 밖으로 드러난다. 들판에서 봄부터 가을까지 볼 수 있다. 어른벌레는 밤에 나와 돌아다니며 다른 송장벌레처럼 죽은 동물에 꼬인다. 동물 주검을 갉아 먹고, 거기에 알을 낳는다. 알에서 나온 애벌레도 동물 주검을 파먹고 산다.

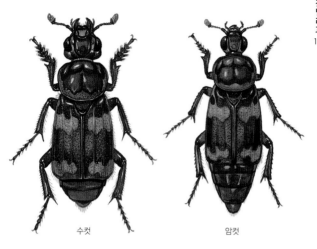

수컷

암컷

곤봉송장벌레아과
몸길이 15~25mm
나오는 때 4~9월
겨울나기 어른벌레

이마무늬송장벌레 *Nicrophorus maculifrons*

이마무늬송장벌레는 머리에 작고 빨간 점이 있다. 딱지날개 앞쪽과 끝에도 빨간 무늬가 있다. 빨간 무늬 안에는 까만 점무늬가 한 개씩 있다. 딱지날개가 짧아서 배 끝 세 마디가 드러난다. 낮은 산과 들에서 보인다. 논밭에서도 보인다. 밤에 나와 죽은 동물에 날아온다. 불빛에도 날아온다. 봄에 죽은 동물에서 만난 암컷과 수컷이 짝짓기를 한 뒤, 밑에 구멍을 파서 죽은 동물을 묻고 알을 낳는다. 알에서 나온 애벌레는 죽은 동물을 뜯어 먹는다. 어른벌레로 겨울을 난다.

곤봉송장벌레아과
몸길이 22mm 안팎
나오는 때 4~9월
겨울나기 어른벌레

작은무늬송장벌레 *Nicrophorus quadraticollis*

작은무늬송장벌레는 머리가 까맣고 볼록하다. 더듬이는 까맣고 마지막 세 마디만 붉은 밤색이다. 딱지날개는 까맣고 날개 위와 아래에 빨간 무늬가 있다. 아래쪽 빨간 무늬 안에는 까만 점무늬가 있다. 날개가 짧아서 배 끝 세 마디가 드러난다. 어른벌레는 산에 살면서 죽은 동물에 꼬인다.

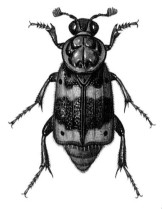

곤봉송장벌레아과
몸길이 15mm 안팎
나오는 때 4~9월
겨울나기 어른벌레

넉점박이송장벌레 *Nicrophorus quadripunctatus*

넉점박이송장벌레는 낮은 산부터 높은 산까지 볼 수 있다. 흔해서 쉽게 볼 수 있다. 딱지날개에 커다란 주황색 무늬가 마주 나 있다. 밤에 나오지만 때때로 낮에도 보인다. 다른 송장벌레와 사는 모습이 닮았다. 동물 주검에 꼬이고, 알맞은 주검을 찾으면 땅속에 파묻은 뒤 짝짓기를 하고 알을 낳는다. 알에서 나온 애벌레는 주검을 파먹고 산다. 이마무늬송장벌레와 아주 닮았는데, 넉점박이송장벌레는 딱지날개 앞쪽과 뒤쪽 누런 가로무늬 안에도 까만 점이 있어서 다르다.

바수염반날개아과
몸길이 5〜9mm
나오는 때 4〜10월
겨울나기 모름

홍딱지바수염반날개 *Aleochara curtula*

딱지날개가 불그스름해서 홍딱지바수염반날개다. 몸과 더듬이는 까
맣고, 다리는 검은 밤색이다. 기온이 높고 비가 적게 오는 여름에 많이
보인다. 숲에서 살지만 파리가 꼬이는 음식물 쓰레기 더미에도 날아오
고, 불빛을 보고 집으로도 들어온다. 날기도 잘 한다. 사람이 물리면
따끔하다.

바수염반날개아과
몸길이 10mm 안팎
나오는 때 5〜7월
겨울나기 모름

바수염반날개 *Aleochara lata*

바수염반날개는 온몸이 까맣고 더듬이는 염주 알을 꿰어 놓은 것같이 생겼다. 바수염반날개아과 무리는 온 세계에 400종쯤 산다고 한다. 대부분 땅에서 살지만 몇몇 종은 바닷가에 자라는 바다풀 밑에서도 산다. 이 무리 어른벌레는 파리 알과 애벌레를 잡아먹고, 애벌레는 파리 번데기에 더부살이한다. 그래서 파리가 알을 낳는 썩은 식물이나 죽은 동물, 똥, 바다풀 따위에서 볼 수 있다.

투구반날개아과
몸길이 8mm 안팎
나오는 때 3 ~ 10월
겨울나기 어른벌레

투구반날개 *Osorius taurus taurus*

투구반날개는 머리 앞에 가시처럼 튀어나온 돌기가 있다. 머리와 앞가
슴등판, 딱지날개에 점무늬가 잔뜩 있다. 산속에 있는 썩은 나무껍질
밑에서 볼 수 있다. 썩은 나무속에서 어른벌레로 겨울을 난다.

입치레반날개아과
몸길이 10mm 안팎
나오는 때 2～9월
겨울나기 모름

극동입치레반날개 *Oxyporus germanus*

극동입치레반날개는 온몸이 까맣게 번쩍거린다. 옆구리와 다리는 노랗다. 더듬이는 구슬을 꿴 것처럼 동글동글하다. 큰턱은 낫처럼 휘어지고 날카롭다. 어른벌레는 버섯 속에 구멍을 뚫고 들어가 여러 마리가 함께 지낸다. 위험을 느끼면 배 꽁무니를 치켜 올리며 겁을 준다. 짝짓기를 마친 암컷은 버섯에 알을 낳아 붙인다. 알을 낳은 지 몇 시간 안 되어 애벌레가 나온다. 애벌레도 버섯을 파먹고 큰다. 허물을 두 번 벗고 땅속에 들어가 번데기가 된다. 일주일쯤 지나면 어른벌레가 된다.

입치레반날개아과
몸길이 8〜9mm
나오는 때 모름
겨울나기 모름

큰입치레반날개 *Oxyporus procerus*

큰입치레반날개는 머리와 앞가슴등판, 딱지날개가 붉은 밤색이다. 다리와 배는 까맣다. 큰턱은 아주 크고 날카롭다.

개미반날개아과
몸길이 10mm 안팎
나오는 때 5~8월
겨울나기 모름

곳체개미반날개 *Paederus gottschei*

곳체개미반날개는 딱지날개가 아주 짧아서 겨우 배 첫 마디 앞쪽만 덮는다. 배는 끝 두 마디를 빼고 빨갛다. '우리개미반날개'라고도 한다. 언뜻 보면 꼭 개미처럼 생겼다. 온 나라 산에서 볼 수 있다. 산속 풀잎 위를 개미처럼 바쁘게 돌아다니며 작은 벌레를 잡아먹는다. 곳체개미반날개는 몸에서 독물이 나온다. 사람이 맨손으로 잡으면 살갗에 물집이 잡힐 수 있다.

개미반날개아과
몸길이 7mm 안팎
나오는 때 3～11월
겨울나기 모름

청딱지개미반날개 *Paederus fuscipes fuscipes*

청딱지개미반날개는 이름처럼 딱지날개가 파랗다. 앞가슴등판과 배 마지막 두 마디를 빼고는 주황색이다. 곳체개미반날개와 닮았다. 청딱 지개미반날개는 딱지날개가 훨씬 길고, 양옆이 나란하다. 곳체개미반 날개는 배에 파란 무늬가 있다. 건들면 몸에서 독물이 나온다. 사람이 맨손으로 잡으면 살갗에 물집이 잡힐 수 있다. 여름에는 밤에 불빛을 보고 날아오기도 한다.

개미사돈아과
몸길이 2mm 안팎
나오는 때 4월쯤부터
겨울나기 모름

개미사돈 *Poroderus armatus*

개미사돈은 개미집에 더불어 산다. 개미가 떨구는 먹이를 주워 먹고
살며 가끔 더부살이하는 개미를 잡아먹기도 한다. 개미가 뿜어내는
폐로몬은 몸에 바르기 때문에 개미가 눈치를 못 채고 함께 산다. 개미
사돈 무리는 온 세계에 3,500종쯤 사는데, 우리나라에는 50종쯤 산다.
딱지날개는 짧고 작다. 끄트머리는 반듯하게 잘린 듯하다.

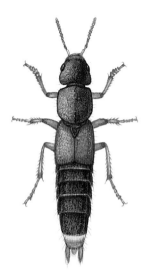

반날개아과
몸길이 20mm 안팎
나오는 때 모름
겨울나기 모름

왕붉은딱지반날개 *Agelosus carinatus carinatus*

왕붉은딱지반날개는 몸은 거무스름한데, 딱지날개는 빨갛다. 다리는 붉은 밤색이다.

반날개아과
몸길이 15mm 안팎
나오는 때 5~8월
겨울나기 모름

왕반날개 *Creophilus maxillosus maxillosus*

왕반날개는 반날개 무리 가운데 몸집이 제법 크다. 딱지날개에는 밤색 털이 나 있다. 딱지날개에 점무늬가 많이 나 있고, 가운데에 큰 점무늬 세 개가 세로로 줄지어 나 있다. 동물 주검이나 똥, 쓰레기 더미에서 보 이고 바닷가에서도 볼 수 있다. 낮에 나와 돌아다니면서 주검이나 똥, 쓰레기 더미에 꼬이는 작은 벌레를 잡아먹고 산다.

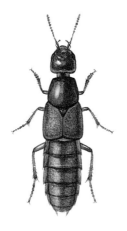

반날개아과
몸길이 11mm 안팎
나오는 때 4~9월
겨울나기 모름

좀반날개 *Philonthus japonicus*

좀반날개는 온몸이 까맣게 반짝거린다. 앞가슴등판은 앞쪽 폭이 더 좁은 사각꼴이다. 딱지날개에 자잘한 홈이 파여 있고, 까만 짧은 털이 빽빽하게 나 있다. 동물 주검이나 쓰레기 더미에서 볼 수 있다.

반날개아과
몸길이 10 ~ 12mm
나오는 때 5 ~ 10월
겨울나기 모름

해변반날개 *Phucobius simulator*

해변반날개는 온몸이 까만데, 딱지날개는 불그스름하다. 이름처럼 바
닷가에서 볼 수 있다. 바닷가에 떠밀려온 바다풀 밑에서 자주 보인다.

딱부리반날개아과
생김새 6mm 안팎
나오는 때 모름
겨울나기 모름

구리딱부리반날개 *Stenus mercator*

구리딱부리반날개는 온몸이 까맣고 더듬이와 다리는 누렇다. 냇가 둘레에 수북이 자란 풀숲에서 작은 벌레를 잡아먹고 산다.

몸길이 3~4mm
나오는 때 4~8월
겨울나기 모름

알꽃벼룩 *Scirtes japonicus*

알꽃벼룩 몸은 누런 밤색으로 둥글다. 머리는 작고 겹눈은 까맣다. 앞
가슴등판에는 작은 점무늬가 잔뜩 나 있고 짧은 털이 나 있다. 가장자
리는 둥글다. 딱지날개는 양쪽 가장자리가 나란하다가 끄트머리는 둥
글다. 뒷다리 허벅지마디가 크고 통통하다. 우리나라에는 알꽃벼룩과
에 2종이 산다. 산에서 볼 수 있다. 벼룩처럼 잘 뛰어오른다. 밤에 불빛
으로 날아온다. 애벌레는 물속에서 산다.

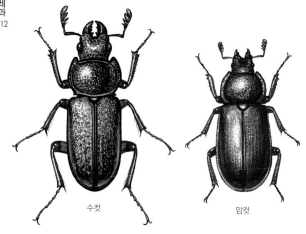

수컷

암컷

몸길이 8～11mm
나오는 때 4～6월
겨울잠 애벌레, 어른벌레

원표애보라사슴벌레 *Platycerus hongwonpyoi hongwonpyoi*

원표애보라사슴벌레는 수컷 큰턱이 아주 작다. 수컷은 푸르스름한 풀빛을 띠고, 암컷은 노르스름한 풀빛을 띤다. 중부와 북부 지방 높은 산에서 많이 산다. 봄이 되면 낮에 여러 가지 참나무 새순에 모여 상처를 내고 진을 핥아 먹는다. 봄철에만 짧게 보인다. 손가락 굵기쯤 되는 썩은 나뭇가지에 구멍을 뚫고 알을 낳는다. 애벌레는 썩은 나무속에서 두 해쯤 살다가 가을에 번데기가 되어 어른벌레가 된다. 어른벌레는 나무속에서 겨울을 난다.

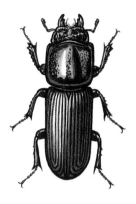

몸길이 8~12mm
나오는 때 7월쯤
겨울나기 어른벌레

길쭉꼬마사슴벌레 *Figulus punctatus*

길쭉꼬마사슴벌레는 몸이 까맣게 반짝거린다. 큰턱 안쪽에 돌기가 한 개 나 있다. 앞가슴등판은 거의 네모나다. 딱지날개에는 세로로 파인 줄이 나 있다. 제주도에서 볼 수 있다. 뿔꼬마사슴벌레나 큰꼬마사슴 벌레처럼 나무속에 살면서 다른 애벌레를 잡아먹는다. 어른벌레로 겨 울을 난다.

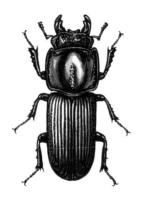

몸길이 9 ~ 16mm
나오는 때 모름
겨울나기 어른벌레

큰꼬마사슴벌레 *Figulus binodulus*

큰꼬마사슴벌레는 길쭉꼬마사슴벌레와 닮았다. 큰꼬마사슴벌레 몸이 더 반짝거리고 크다. 큰턱은 짧고 두껍다. 머리방패 가운데가 깊게 파여서 둘로 나뉜다. 앞가슴등판은 거의 네모나다. 딱지날개에는 세로로 파인 줄이 나 있다. 남해 섬에서 산다. 뿔꼬마사슴벌레처럼 썩은 팽나무나 참나무 속에 살면서 다른 벌레 애벌레를 잡아먹는다. 봄부터 여름 들머리에 알을 낳는다. 애벌레는 가을 무렵 어른벌레로 날개돋이하고, 어른벌레로 겨울을 난다.

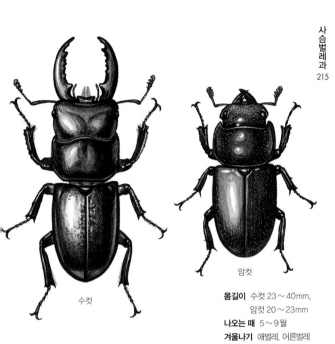

수컷

암컷

몸길이 수컷 23 ~ 40mm,
　　　　암컷 20 ~ 23mm
나오는 때 5 ~ 9월
겨울나기 애벌레, 어른벌레

참넓적사슴벌레 *Dorcus consentaneus consentaneus*

참넓적사슴벌레는 넓적사슴벌레와 닮았다. 큰턱이 바깥쪽으로 둥글
게 휘고, 뒷다리 종아리마디에 톱니처럼 생긴 돌기가 없으면 참넓적사
슴벌레다. 중부와 남부 지방에서 볼 수 있다. 낮은 산이나 들판에 있는
참나무 숲이나 시골 마을, 과수원에서 보인다. 넓적사슴벌레보다 보기
어렵다. 밤에 나와 참나무에 흐르는 나뭇진에 모인다. 암컷은 썩은 나
무에 알을 낳는다.

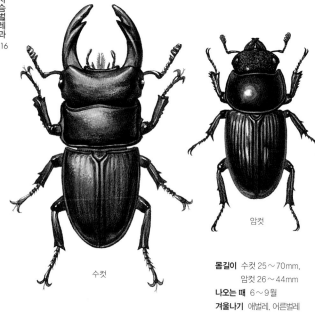

암컷

수컷

몸길이 수컷 25～70mm,
　　　　 암컷 26～44mm
나오는 때 6～9월
겨울나기 애벌레, 어른벌레

왕사슴벌레 *Dorcus hopei binodulosus*

왕사슴벌레는 이름처럼 몸집이 큼직하다. 수컷 큰턱은 안쪽으로 둥글게 휘어져 크고, 위쪽에 뾰족한 돌기가 하나 있다. 암컷은 큰턱이 작고, 수컷처럼 끝이 두 갈래로 갈라졌다. 딱지날개에 세로로 줄이 나 있다. 앞가슴등판 양쪽이 젖꼭지처럼 가운데가 튀어나온다. 우리나라 중부 아래쪽에서 드물게 볼 수 있다. 시골 마을 둘레 산에서도 가끔 보인다. 낮에는 나무 구멍 속에 숨어 있다가 밤에 참나무에 날아와 나뭇진을 핥아 먹는다. 어른벌레로 겨울을 나고, 2～3년을 산다.

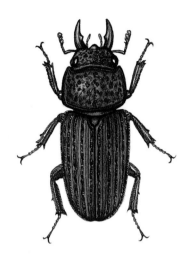

몸길이 14～26mm
나오는 때 모름
겨울나기 애벌레, 어른벌레

털보왕사슴벌레 *Dorcus carinulatus koreanus*

털보왕사슴벌레는 이름처럼 온몸에 털이 나 있다. 온몸은 밤빛이다.
큰턱은 다른 사슴벌레보다 작다. 수컷 큰턱이 암컷보다 더 크다. 딱지
날개에는 홈이 파여 줄을 이룬다. 2008년에 신종으로 발표되었다. 우
리나라 전라남도 해남에서만 산다. 여름에 참나무에 흐르는 나뭇진에
모인다. 밤에 불빛으로 날아오기도 한다. 겨울이 되면 썩은 나무속에
들어가 애벌레나 어른벌레로 겨울을 난다.

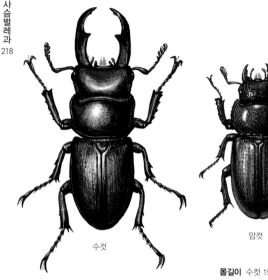

수컷

암컷

몸길이 수컷 15 ~ 32mm,
　　　　　암컷 12 ~ 28mm
나오는 때 5 ~ 10월
겨울나기 애벌레, 어른벌레

애사슴벌레 *Dorcus rectus rectus*

애사슴벌레는 이름처럼 사슴벌레 가운데 몸집이 작다. 수컷 큰턱은
가늘고 작고 안쪽에 돌기가 1개 있다. 암컷은 이마에 작은 돌기가 2개
나 있다. 어디서나 흔하게 볼 수 있다. 썩은 나무속이나 돌 밑에서 애
벌레나 어른벌레로 겨울을 난다. 날씨가 따뜻해지면 밤에 나뭇진에 모
여들고 짝짓기를 하고 알을 낳는다. 불빛에 날아오기도 한다. 애벌레는
땅 위에 쓰러진 썩은 참나무나 오리나무, 팽나무 속에서 지낸다. 가을
에 번데기가 되고 어른벌레가 되는데 두 해 걸린다.

수컷

암컷

몸길이 수컷 25 ~ 50mm,
　　　　 암컷 20 ~ 38mm
나오는 때 6 ~ 10월
겨울나기 애벌레, 어른벌레

홍다리사슴벌레 *Dorcus rubrofemoratus rubrofemoratus*

홍다리사슴벌레는 암컷과 수컷 모두 허벅지마디가 빨갛다. 큰턱은 뿔처럼 앞쪽으로 길게 뻗고, 안쪽에 날카로운 돌기가 3 ~ 5개 나 있다. 산에 자라는 버드나무에서 많이 보인다. 어른벌레는 6월부터 10월까지 보인다. 버드나무에서 흘러나오는 나뭇진을 핥아 먹는다. 짝짓기를 마친 암컷은 썩은 참나무나 뽕나무, 팽나무 같은 나무에 알을 낳는다. 애벌레는 허물을 벗고 자라다가 나무껍질 속에서 겨울을 난다. 가을에 나온 어른벌레로 겨울을 나기도 한다. 어른벌레로 한두 해 산다.

수컷

암컷

몸길이 수컷 20∼87mm,
　　　　 암컷 20∼35mm
나오는 때 5∼9월
겨울나기 애벌레, 어른벌레

넓적사슴벌레 *Dorcus titanus castanicolor*

넓적사슴벌레는 이름처럼 몸이 넓적하고, 사슴벌레 무리 가운데 몸집이 가장 크다. 수컷 큰턱은 아주 길쭉한데, 반듯하게 뻗다가 끝이 갑자기 굽는다. 입 가까이에 굵은 돌기가 한 쌍 있고, 중간쯤에 작은 돌기가 여러 개 있다. 사슴벌레 가운데 가장 흔하다. 낮에는 썩은 참나무속이나 땅속, 가랑잎 밑에 숨어 있다가 밤에 나와 나뭇진이나 떨어진 과일에 모인다. 수컷끼리 모이면 심하게 싸운다. 겨울이 되면 어른벌레가 참나무 뿌리 밑으로 들어가 겨울을 난다. 어른벌레로 한두 해 산다.

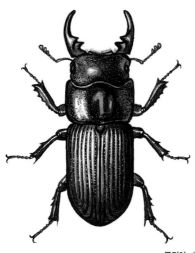

몸길이 수컷 13～33mm,
암컷 14～27mm
나오는 때 7～8월
겨울나기 애벌레, 어른벌레

꼬마넓적사슴벌레 *Aegus laevicollis subnitidus*

꼬마넓적사슴벌레는 큰턱이 가늘고 동그랗게 안으로 구부러진다. 큰턱 아래쪽에 큰 돌기가 있다. 앞가슴등판 양쪽 가장자리가 톱니처럼 거칠다. 남해에 있는 섬에서 보인다. 우리나라 사슴벌레 애벌레 가운데 꼬마넓적사슴벌레 애벌레만 썩은 소나무를 먹는다. 나무가 완전히 썩어 흙처럼 부스러진 곳에서 지낸다. 썩은 소나무 톱밥을 빚어 번데기 방을 만들고 그 속에 들어가 번데기가 된다. 어른벌레는 밤에 나와 참나무에서 흐르는 나뭇진에 모여든다.

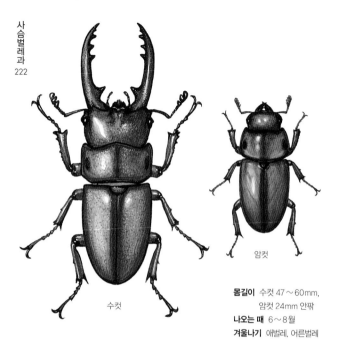

수컷

암컷

몸길이 수컷 47∼60mm,
　　　　 암컷 24mm 안팎
나오는 때 6∼8월
겨울나기 애벌레, 어른벌레

두점박이사슴벌레 *Prosopocoilus astacoides blanchardi*

두점박이사슴벌레는 앞가슴등판 가장자리에 까만 점이 2개 있다. 제
주도에만 사는 사슴벌레다. 짝짓기를 마친 암컷은 6∼8월에 썩은 나무
에 구멍을 파고 알을 낳는다. 두 주쯤 지나면 알에서 애벌레가 나온다.
애벌레나 어른벌레로 겨울을 난다. 어른벌레는 낮에는 가랑잎 밑이나
땅속에서 쉬다가, 밤에 나와 나뭇진에 모인다. 불빛에 날아오기도 한
다. 우리나라 남쪽 몇몇 곳에서만 살아서 멸종위기종으로 정해 보호하
고 있다.

암컷

수컷

몸길이 수컷 23 ~ 45mm,
　　　　암컷 23 ~ 33mm
나오는 때 6 ~ 9월
겨울나기 애벌레, 어른벌레, 번데기

톱사슴벌레 *Prosopocoilus inclinatus inclinatus*

톱사슴벌레는 큰턱이 크고 앞으로 길게 뻗으며 아래쪽으로 휘었다. 큰 턱 안쪽에도 작은 돌기가 톱니처럼 잔뜩 나 있다. 밤에 나와 상수리나무나 졸참나무에서 흘러나오는 나뭇진을 먹는다. 과일에 모여 단물을 핥아 먹기도 한다. 짝짓기를 마친 암컷은 나무둥치 밑을 파고 알을 하나씩 낳는다. 이주일쯤 지나면 알에서 애벌레가 나온다. 애벌레는 썩은 나무속을 파먹으며 허물을 세 번 벗고 큰다. 알에서 어른벌레가 되는데 2 ~ 3년쯤 걸리는 것 같다.

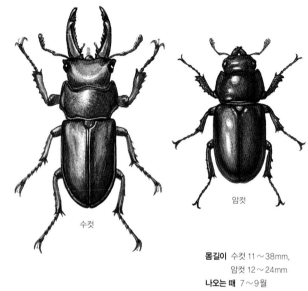

수컷

암컷

몸길이 수컷 11 ~ 38mm,
　　　　암컷 12 ~ 24mm
나오는 때 7 ~ 9월
겨울나기 애벌레

다우리아사슴벌레 *Prismognathus dauricus*

다우리아사슴벌레는 암컷 몸빛이 더 짙어서 거의 까맣다. 수컷 큰턱은 앞으로 쭉 뻗고 끄트머리에서 두 갈래로 갈라진다. 안쪽에 작은 돌기들이 톱날처럼 나 있다. 온 나라 산에서 한여름에 나오지만 쉽게 볼 수 없다. 사슴벌레 가운데 가장 늦게 나온다. 밤에 불빛을 보고 날아오기도 한다. 2 ~ 3령 애벌레로 겨울을 난다. 이듬해 깨어난 애벌레는 썩은 나무속을 파먹고 살다가 5월에 번데기가 되고 6 ~ 7월에 어른벌레가 되어 나온다. 8월에 짝짓기를 하고 썩은 참나무에 알을 많이 낳는다.

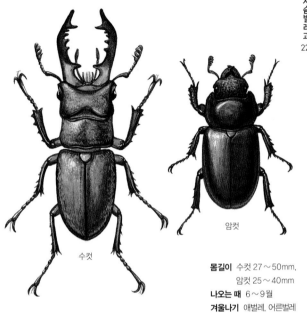

수컷

암컷

몸길이 수컷 27~50mm,
암컷 25~40mm
나오는 때 6~9월
겨울나기 애벌레, 어른벌레

사슴벌레 *Lucanus maculifemoratus dybowskyi*

사슴벌레 수컷은 머리가 넓적하고 머리 뒤쪽이 귓불처럼 늘어나 넓다. 암컷은 뒤집어 보면 배 쪽 다리에 길쭉한 누런 무늬가 있어서 다른 종 암컷과 다르다. 산에서 참나무에서 나오는 진을 핥아 먹는다. 6~7월에 짝짓기를 하고, 7~8월에 나무속에 알을 낳는다. 7~8월에 나온 애벌레나 지난해 나온 애벌레로 겨울을 난다. 종령 애벌레는 땅속에 들어가 방을 만들고 번데기가 된다. 가을에 번데기가 되어 어른벌레가 된 뒤에 겨울을 나기도 한다. 어른벌레가 되기까지 2~3년 걸린다.

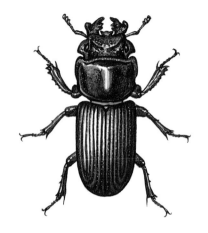

몸길이 14 ～ 17mm
나오는 때 모름
겨울나기 어른벌레

뿔꼬마사슴벌레 *Nigidius miwai*

뿔꼬마사슴벌레는 이름처럼 작은 뿔이 있다. 큰턱은 낫처럼 아주 날카
롭다. 제주도와 남해 섬에서 산다. 다른 사슴벌레와 달리 나뭇진을 먹
지 않고, 썩은 나무속에서 다른 벌레 애벌레를 잡아먹고 산다. 썩은 팽
나무 속에서 많이 보인다. 나무속에 살면서 밖으로는 잘 나오지 않는
다. 애벌레도 다른 벌레 애벌레를 잡아먹는다. 날씨가 추워지면 나무
속 구멍에서 어른벌레가 여러 마리 모여 겨울잠을 잔다.

몸길이 20mm 안팎
나오는 때 5~8월
겨울잠 어른벌레

사슴벌레붙이 *Leptaulax koreanus*

사슴벌레붙이는 온몸은 까맣고 반짝이며 위아래로 납작하다. 머리 이마에 돌기가 우툴두툴 나 있다. 더듬이 끄트머리는 빗자루처럼 생겼다. 큰턱은 아주 짧은데, 안쪽에 뾰족한 돌기가 하나 있다. 앞가슴등판 가운데에 세로로 깊게 홈이 나 있다. 딱지날개에는 세로줄이 여러 줄 나 있다. 어른벌레는 썩은 참나무 나무껍질 밑에서 산다. 애벌레와 어른벌레 모두 몸을 긁어 여러 가지 소리를 낸다. 또 한곳에 가족이 모여 산다. 어른벌레는 애벌레와 알을 돌본다. 경기도 몇몇 곳에서만 보인다.

딱정벌레 더 알아보기

곰보벌레과

곰보벌레는 딱정벌레 무리 가운데 가장 원시적인 종이다. 곰보벌레 무리는 온 세계에 20종쯤 사는데, 우리나라에는 곰보벌레 한 종만 산다. 낮은 산이나 들판에 있는 썩은 넓은잎나무 나무껍질 밑에 산다.

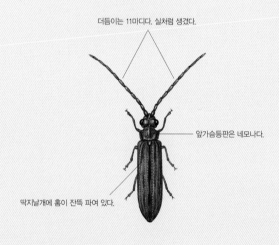

더듬이는 11마디다. 실처럼 생겼다.

앞가슴등판은 네모나다.

딱지날개에 홈이 잔뜩 파여 있다.

곰보벌레

딱정벌레과

딱정벌레과는 우리나라에 485종쯤이 산다. 그래서 딱정벌레 무리는 여러 작은 무리로 나눈다. 딱정벌레 무리 안에 길앞잡이아과, 먼지벌레아과, 딱정벌레아과 같은 아과들이 있다. 먼지벌레 무리는 더듬이 청소구가 있고, 딱정벌레 무리는 더듬이 청소구가 없다. 딱정벌레 무리는 거의 앞다리 종아리마디에 더듬이를 깨끗하게 손질하는데 쓰는 빗처럼 생긴 모양이 있다. 또 뒷다리 도래마디가 길다. 또 몸을 뒤집어보면 가슴 밑 뒷다리 밑마디 앞부분에 가로로 선이 나 있어서 다른 과와 다르다.

딱정벌레 무리는 논밭이나 산길, 냇가, 늪가, 갯벌, 공원, 숲 어디에서도 볼 수 있다. 땅 위에 살면서 어른벌레나 애벌레 모두 달팽이나 나비 애벌레, 지렁이 같은 작은 동물들을 잡아먹고 산다. 보통은 몸집이 작고 까맣다. 돌이나 가랑잎이나 썩은 나무토막 밑에서 산다.

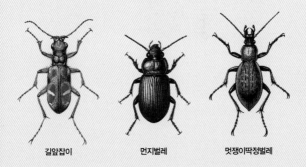

길앞잡이   먼지벌레   멋쟁이딱정벌레

길앞잡이아과 무리

길앞잡이 무리는 온 세계에 1,300종쯤 산다. 우리나라에는 1속 16종이 산다. 강가나 바닷가 모래밭에는 강변길앞잡이, 꼬마길앞잡이, 큰무늬길앞잡이, 닻무늬길앞잡이가 산다. 우리나라에 흔하던 길앞잡이는 몸이 푸른색인데 붉은색, 검정색, 흰색 무늬들이

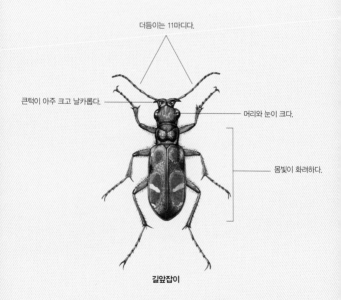

더듬이는 11마디다.

큰턱이 아주 크고 날카롭다.

머리와 눈이 크다.

몸빛이 화려하다.

길앞잡이

있어서 아주 화려하다. 좀길앞잡이는 낮은 산이나 들에 많다. 해발 1,000m가 넘는 높은 산에는 산길앞잡이가 산다.

길앞잡이는 땅 위를 빠르게 날거나 뛰어다니면서 작은 벌레를 잡아먹고 산다. 입에는 집게처럼 생긴 큰턱이 있고 날카롭다. 이 턱으로 작은 벌레를 잡아먹는다. 애벌레도 어른벌레처럼 큰턱이 아주 날카롭다. 땅속으로 곧게 굴을 파고 그 안에서 산다. 머리를 굴 뚜껑 삼아 숨어 있다가 개미 같은 작은 벌레가 굴 위로 지나가면 뛰어 올라서 재빨리 물어 굴속으로 끌어들인 뒤 잡아먹는다. 개미를 많이 잡아먹는다고 '개미귀신'이라고도 한다.

길앞잡이는 늦봄이나 이른 여름에 산길에서 볼 수 있다. 햇볕이 잘 드는 길 위에 앉았다가 다가가면 푸르륵 날아서 다시 앞쪽 길 위에 앉는다. 몇 발자국 다시 다가가면 저만큼 다시 날아가서 앞에 앉아 다가오는 사람을 쳐다본다. 이 모습이 꼭 길을 알려주는 것처럼 앞서서 날아간다고 '길앞잡이'라는 이름이 붙었다. 사람이 보기에는 길을 앞서서 이끄는 것처럼 보여서 이런 이름이 붙었지만 사실 사람을 피해 달아나는 것이다.

먼지벌레아과 무리

먼지벌레 무리는 우리나라에서 400종쯤 알려졌지만 아직 이름도 밝혀지지 않는 종이 더 많다. 각 종 특징이 비슷해서 정확한 종 구별은 전문가의 세밀한 검토가 필요하다. 땅에서 기어 다니는 종이 많다. 먼지벌레 무리는 가슴먼지벌레아과, 조롱박먼지벌레아과, 습지먼지벌레아과, 길쭉먼지벌레아과, 먼지벌레아과, 둥글먼지벌레아과, 무늬먼지벌레아과, 십자무늬먼지벌레아과, 폭탄먼지벌레아과처럼 여러 가지 아과로 나뉜다. 생김새가 엇비슷한 종들이 많아서 눈으로 구별하기가 꽤 어렵다. 폭탄먼지벌레 무리는 위험을 느끼면 꽁무니에서 폭탄처럼 고약한 방귀를 내뿜어서 잘 알려진 무리다.

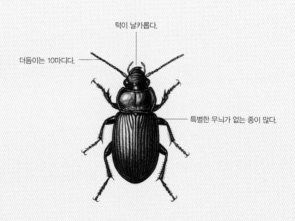

턱이 날카롭다.

더듬이는 10마디다.

특별한 무늬가 없는 종이 많다.

먼지벌레

딱정벌레아과 무리

딱정벌레 무리는 대체로 몸집이 크고 화려하며, 명주딱정벌레 무리를 빼면 거의 뒷날개가 퇴화하여 날지 못하는 대신 땅 위를 잘 걸어 다닌다. 어른벌레나 애벌레 모두 육식성이어서 다른 곤충뿐 아니라 달팽이나 흙속 지렁이도 잘 잡아먹는다. 먹이 때문에 축축한 곳에서 많이 볼 수 있다. 딱정벌레아과는 50종쯤 알려져 있고, 그 가운데 홍단딱정벌레가 가장 크다. 모두 먹이나 사는 곳이 비슷하다.

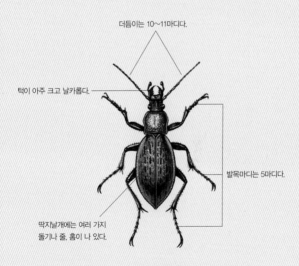

더듬이는 10~11마디다.

턱이 아주 크고 날카롭다.

발목마디는 5마디다.

딱지날개에는 여러 가지 돌기나 줄, 홈이 나 있다.

멋쟁이딱정벌레

물진드기과

물진드기는 진드기만큼 크기가 작다고 붙은 이름이다. 이름은 진드기지만 딱정벌레 무리에 든다. 온 세계에 200종쯤 살고 있는데, 우리나라에는 10종쯤 산다. 논이나 웅덩이, 연못, 호수처럼 물이 고여 있고 잔잔한 곳에서 산다. 물 가장자리 물풀에서 지낸다. 몸이 아주 작아서 2 ~ 5mm쯤 되기 때문에 꼼꼼히 살피지 않으면 잘 안 보인다. 물속에 사는 실지렁이나 새우, 깔따구 같은 작은 벌레를 잡아먹고 물풀이나 이끼도 먹는다. 물에서 헤엄칠 때는 다리를 번갈아 움직이며 헤엄친다. 헤엄이 서툴러서 기어 다니는 것을 더 좋아한다.

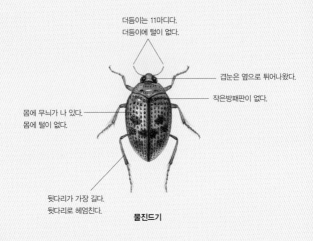

더듬이는 11마디다.
더듬이에 털이 없다.

겹눈은 옆으로 튀어나왔다.

작은방패판이 없다.

몸에 무늬가 나 있다.
몸에 털이 없다.

뒷다리가 가장 길다.
뒷다리로 헤엄친다.

물진드기

자색물방개과

자색물방개 무리는 물이 고여 있는 논이나 연못, 호수에서 산다. 우리나라에는 3종이 산다. 물방개보다 크기가 훨씬 작다. 물방개처럼 물속에 들어가 작은 물속 벌레를 잡아먹고 죽은 물고기나 개구리 따위를 뜯어 먹기도 한다. 물속에서 빠르게 바삐 헤엄치고, 바닥에 쌓인 퇴적물 속으로 구멍을 뚫고 들어가 숨는다.

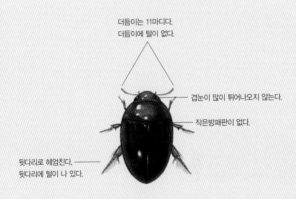

더듬이는 11마디다.
더듬이에 털이 없다.

겹눈이 많이 튀어나오지 않는다.

작은방패판이 없다.

뒷다리로 헤엄친다.
뒷다리에 털이 나 있다.

자색물방개

물방개과

물방개 무리는 딱정벌레 가운데 물속에서 지내는 무리로 잘 알려졌다. 온 세계에 4,000종쯤 살고, 우리나라에는 51종쯤 산다. 물방개 무리는 딱지날개 밑에 공기를 채워 물속에 들어가 숨을 쉰

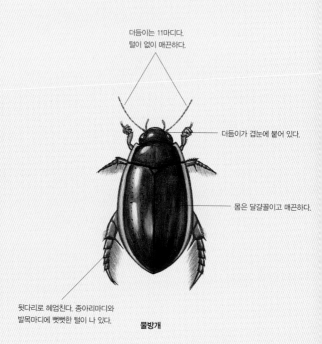

더듬이는 11마디다.
털이 없고 매끈하다.

더듬이가 겹눈에 붙어 있다.

몸은 달걀꼴이고 매끈하다.

뒷다리로 헤엄친다. 종아리마디와
발목마디에 뻣뻣한 털이 나 있다.

물방개

다. 공기 방울로 숨을 다 쉬면 다시 물낯으로 올라와 다시 산소 교환을 하고 들어간다. 어른벌레는 뒷다리가 크고 센털이 잔뜩 나 있어서 웬만한 물고기만큼 헤엄을 잘 친다. 노처럼 생긴 뒷다리를 뒤로 쭉 뻗으면 털이 쫙 펼쳐져 물갈퀴 노릇을 한다. 물방개 무리는 수컷과 암컷 앞다리 생김새가 다르기 때문에 쉽게 알아볼 수 있다. 수컷은 앞다리 앞쪽이 불룩하다. 물속을 헤엄쳐 다니면서 작은 물고기나 물속 벌레, 개구리, 도롱뇽 따위를 잡아먹는다. 한 마리가 먹이를 잡으면 여러 마리가 몰려들어 함께 먹이를 뜯어 먹는다. 짝짓기를 한 암컷은 물풀 줄기 속에 알 낳는 기관을 찔러 넣고 알을 낳는다. 알에서 나온 애벌레는 물속에서 살면서 올챙이나 잠자리 애벌레, 작은 물고기 따위를 잡아먹는다. 애벌레도 아가미가 없기 때문에 어른벌레처럼 수시로 물낯으로 올라와 배 꽁무니를 물 밖으로 내밀어 공기를 빨아들인다. 먹이를 잡으면 먹이 몸속에 소화액을 찔러 넣어 녹인 뒤에 빨아 먹는다. 허물을 두 번 벗고 자라다가 땅 위로 올라온 뒤 땅속에 들어가 번데기가 된다. 열흘쯤 지나면 어른벌레가 나온다. 어른벌레는 물속에서 지내지만 날개가 있어서 훌쩍 멀리 날아 사는 곳을 바꾸기도 한다. 밤에 불빛에 날아오기도 한다. 우리나라에 사는 것 가운데는 물방개가 가장 크다.

물맴이과

물맴이는 물낯에서 동글동글 맴돈다고 붙은 이름이다. 고여 있
는 웅덩이나 연못, 논에서 살고 가끔씩은 느릿느릿 흐르는 물에서
도 보인다. 물낯에서 동그란 원을 그리며 뱅글뱅글 맴돌거나 재빠
르게 헤엄친다. 서로 자기 자리를 맴돌다가 여러 마리가 한데 모여
서 함께 빙글빙글 맴돈다. 이렇게 맴돌면서 물에 떨어진 여러 벌레
를 뜯어 먹는다. 우리나라에는 6종이 산다.

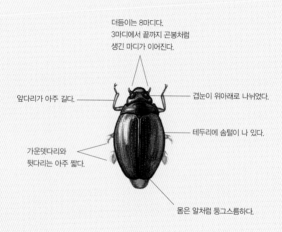

더듬이는 8마디다.
3마디에서 끝까지 곤봉처럼
생긴 마디가 이어진다.

앞다리가 아주 길다.

겹눈이 위아래로 나뉘었다.

테두리에 솜털이 나 있다.

가운뎃다리와
뒷다리는 아주 짧다.

몸은 알처럼 둥그스름하다.

물맴이

물맴이 눈은 두 개이지만 위아래로 나뉘어 있어서 꼭 4개처럼 보인다. 그래서 물 위도 볼 수 있고, 물속도 함께 볼 수 있다. 위쪽 눈은 새나 잠자리처럼 날아다니는 벌레를 보고, 아래쪽 눈은 물에 떨어진 먹이나 물속에서 물고기나 물자라 같은 천적이 다가오는지 본다. 앞다리가 다른 다리보다 훨씬 크고 튼튼해서 먹이를 끌어안아 잡기 좋다. 가운뎃다리와 뒷다리는 아주 짧고 작지만 넓적한 노처럼 생겼고 짧은 털이 나 있다. 아주 빠르게 휘저어서 헤엄친다. 위에서 보면 가운뎃다리와 뒷다리는 짧아서 잘 안 보인다. 위험할 때는 물속으로 들어가기도 한다. 몸이 달걀꼴로 생기고 매끈매끈해서 물속에서도 헤엄을 잘 친다.

물맴이는 봄부터 여름 사이에 물가에 자라는 물풀이나 물 위에 떠 있는 풀이나 나뭇조각에 알을 낳는다. 애벌레는 물속 밑바닥 흙 속에 숨어 있다가 장구벌레 같은 작은 벌레를 잡아서 즙을 빨아 먹는다. 애벌레 큰턱은 낫처럼 휘어서 날카롭고 뾰족하다. 큰턱을 먹이 몸속에 찔러 넣고 소화액을 내뿜는다. 그러면 먹이 몸이 흐물흐물 녹는데, 이때 큰턱에 뚫려 있는 관으로 빨아 먹는다. 잡아먹힌 먹이는 단단한 껍질만 남는다. 애벌레는 배 옆구리에 아가미가 있어서 물속에서 숨을 쉰다. 애벌레가 다 자라면 물가로 나와 흙속에서 번데기가 된다. 어른벌레는 겨울만 빼고 봄부터 가을까지 아무 때나 돌아다닌다. 지금은 논 둘레가 수로로 정비되고, 작은 둠벙들이 사라지면서 보기 힘들어졌지만, 인공적으로 빗물을 이용하기 위해 만든 작은 연못 같은 곳에서 가끔 볼 수 있다.

물땡땡이과

물땡땡이 무리는 온 세계에 1,700종쯤 살고 우리나라에는 40종쯤 있다. 물땡땡이들은 겹눈이 아주 크고, 겹눈 사이에 있는 더듬이는 아주 짧고 끝이 곤봉처럼 생겼다. 봄부터 가을까지 아무 때나 볼 수 있다.

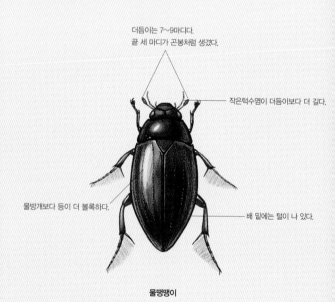

더듬이는 7~9마디다.
끝 세 마디가 곤봉처럼 생겼다.

작은턱수염이 더듬이보다 더 길다.

물방개보다 등이 더 볼록하다.

배 밑에는 털이 나 있다.

물땡땡이

물땡땡이 무리는 물방개처럼 연못이나 논처럼 고인 물에서 산다. 물속에 사는 종이 많지만 물이 가까운 땅속에 사는 것도 있다. 물땡땡이는 겹눈이 아주 크고, 겹눈 사이에 있는 더듬이는 아주 짧고 끝이 곤봉처럼 볼록하다. 물방개나 물맴이와 달리 물속에서 썩은 풀을 갉아 먹고, 몇몇 종은 죽은 동물을 뜯어 먹는다. 물방개보다 몸이 조금 더 작고 더 느리게 헤엄친다. 바닥을 기어 다니기도 한다. 물방개는 뒷다리를 개구리처럼 한꺼번에 움직여 헤엄치지만, 물땡땡이는 뒷다리를 번갈아 저으면서 헤엄친다. 물속에서는 몸 아랫면에 털이 나 있어서 공기를 잡아둘 수 있다. 밤에 불빛을 보고 날아오기도 한다. 물방개는 구워 먹기도 해서 '쌀방개'라고 했는데, 물땡땡이는 구워 먹지 않아서 '똥방개, 보리방개'라고도 했다.

물땡땡이 무리는 물속에서 자라는 물풀 줄기에 알을 낳아 알 덩어리를 만들어 놓는다. 알 덩어리는 묵처럼 말랑말랑하고 속이 비친다. 물땡땡이는 알 덩어리를 물풀에 붙여 놓고, 잔물땡땡이는 물 위에 띄워 놓는다. 알에서 나온 애벌레는 알 덩어리를 빠져나와 물속 밑바닥에서 산다. 아가미가 있어서 물속에서 숨을 쉬며 산다. 애벌레 때에는 각다귀나 깔따구 애벌레나 실지렁이 따위를 잡아먹는 육식성 곤충이다. 그러다 땅 위로 올라와 땅속에서 번데기가 되고 어른벌레가 되어 나온다.

풍뎅이붙이과

풍뎅이와 생김새가 똑 닮았다고 풍뎅이붙이라는 이름이 붙었다. 온 세계에 3,000종쯤 사는데, 우리나라에는 80종쯤 산다. 풍뎅이붙이 무리는 반날개처럼 딱지날개가 짧다. 그래서 딱지날개가 배를 다 덮지 못하고 배 끝 한두 마디가 드러난다. 살아 있는 벌레를 잡아먹고, 때때로 죽은 동물이나 썩은 나무를 갉아 먹기도 한다.

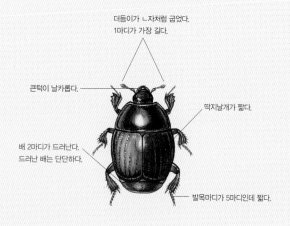

더듬이가 ㄴ자처럼 굽었다.
1마디가 가장 길다.

큰턱이 날카롭다.

딱지날개가 짧다.

배 2마디가 드러난다.
드러난 배는 단단하다.

발목마디가 5마디인데 짧다.

풍뎅이붙이

송장벌레과

송장벌레 무리는 온 세상에 2,000종쯤 살고, 우리나라에 26종쯤 산다. 반날개 무리처럼 딱지날개가 짧아서 배 끝이 드러나는 종이 많다. 죽은 동물을 먹고 산다고 송장벌레다. 봄부터 가을 사이에 돌아다니지만 여름에 더 많다. 동물이 죽으면 썩는 냄새를 맡고 날아와 뜯어 먹는다. 동물 주검에 모인 암컷과 수컷은 짝짓기를 한 뒤 죽은 동물 밑에 들어가 아래쪽 땅을 판 뒤 파낸 흙으로 묻는다. 그래서 서양 사람들은 송장벌레를 '묻는 벌레'라는 뜻인 'Burying Beetle'이라고 한다. 그러고는 암컷은 주검에 알을 낳는다. 알에서 나온 애벌레는 동물 주검을 먹으면서 큰다. 어른벌레나 애벌레나 모두 죽은 동물을 깨끗이 먹어 치워서 청소부 노릇을 한다. 때로는 네눈박이송장벌레처럼 나비나 나방 애벌레를 잡아먹거나, 동물이 싼 똥이나 버섯도 먹는다. 밤에 불빛을 보고 날아오기도 한다. 어른벌레는 나무나 흙 속에서 겨울을 난다. 이른 봄에 짝짓기를 하고 알을 낳는다. 애벌레는 번데기를 거쳐서 어른벌레가 된다. 한 해에 한 번 나온다.

더듬이가 곤봉처럼 생겼다.

겹눈이 아주 작다.

배가 드러난다.

발목마디는 5마디다.

송장벌레

반날개과

반날개 무리는 딱지날개가 반쯤 밖에 없어서 붙은 이름이다. 딱지날개가 짧아서 배가 드러난다. 딱정벌레 온 무리 가운데서도 바구미 무리 다음으로 수가 아주 많은 무리이다. 온 세계에 4만 종이 훨씬 넘게 살고, 우리나라에도 500종이 넘게 산다. 0.5mm 밖에

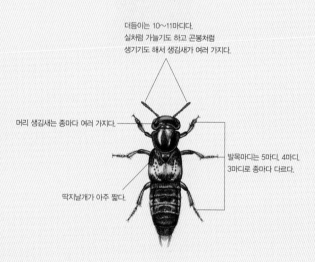

더듬이는 10~11마디다.
실처럼 가늘기도 하고 곤봉처럼
생기기도 해서 생김새가 여러 가지다.

머리 생김새는 종마다 여러 가지다.

발목마디는 5마디, 4마디,
3마디로 종마다 다르다.

딱지날개가 아주 짧다.

왕반날개

안 되는 아주 작은 것부터 50mm가 넘은 큰 종까지 몸집이 여러 가지다.

반날개는 물속을 빼고 어디에서나 산다. 작은 젖먹이 동물이나 새 둥지에 살기도 하고, 흰개미나 개미와 함께 살기도 하고, 버섯에 살기도 하고, 파리가 많이 사는 곳에 살면서 파리 알과 구더기를 먹고 번데기에 기생하기도 한다. 또 바닷가에서 살기도 한다. 하지만 대부분 땅 위를 이리저리 돌아다니면서 다른 벌레를 잡아먹고, 송장벌레처럼 동물 주검이나 똥을 먹기도 해서 청소부 노릇도 한다. 때로는 산속에 버린 음식물 쓰레기에도 꼬인다. 밤에는 불빛을 보고 날아오기도 한다. 작은 딱지날개 속에는 속날개가 있어서 잘 난다. 땅 위를 기어 다닐 때는 속날개를 반으로 접어 작은 딱지날개 속에 집어넣는다. 딱지날개는 가운데가슴과 이어지고, 속날개는 뒷가슴과 이어져 있다. 밖으로 드러난 배는 아주 단단하다. 온몸이 까맣고 아무런 무늬가 없고 가늘고 길쭉한 종이 많아서 몇몇 종을 빼고는 서로 가려내기가 아주 어렵다.

알꽃벼룩과

알꽃벼룩 무리는 온 세계에 500종쯤 살고, 우리나라에는 검정 길쭉알꽃벼룩과 알꽃벼룩 두 종이 산다. 굵은 뒷다리로 벼룩처럼 톡톡 튀어 다닌다고 붙은 이름이다. 어른벌레는 산에서 살고, 밤에 불빛을 보고 날아오기도 한다. 크기가 몹시 작고, 생김새는 동글동글하다. 어른벌레 딱지날개에는 털이 많이 나 있다. 애벌레는 물속에서 살면서 물속에 사는 작은 벌레를 잡아먹고 산다.

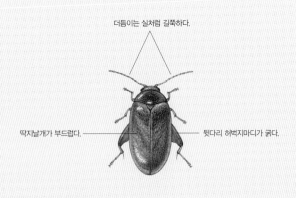

더듬이는 실처럼 길쭉하다.

딱지날개가 부드럽다.

뒷다리 허벅지마디가 굵다.

알꽃벼룩

사슴벌레붙이과

사슴벌레붙이 무리는 온 세계에 500종쯤 알려졌다. 거의 열대 지방에서 산다. 우리나라에는 1종이 살고 있다. 사슴벌레붙이는 사슴벌레와 생김새가 똑 닮았기 때문에 붙은 이름이다. 사슴벌레 붙이는 다리를 긁어 소리를 낸다. 또 어른벌레가 알과 애벌레를 돌본다.

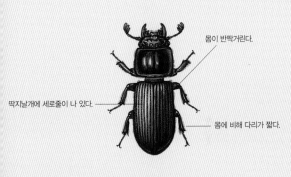

몸이 반짝거린다.

딱지날개에 세로줄이 나 있다.

몸에 비해 다리가 짧다.

사슴벌레붙이

사슴벌레과

사슴벌레 무리는 온 세계에 1,000종쯤 살고, 우리나라에는 16 종쯤 산다. 넓적사슴벌레와 애사슴벌레, 톱사슴벌레를 흔하게 볼 수 있다. 사슴벌레 무리는 거의 숲속에서 산다. 낮에는 땅속이나 나무 구멍 속에서 쉬고 밤에 나뭇진을 먹으려고 나온다. 참나무나

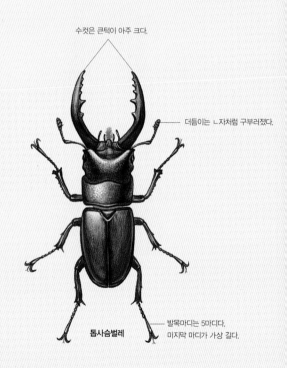

수컷은 큰턱이 아주 크다.

더듬이는 ㄴ자처럼 구부러졌다.

톱사슴벌레

발목마디는 5마디다.
마지막 마디가 가장 길다.

느티나무 같은 나무에 잘 꼬인다. 나무에 흐르는 나뭇진을 붓처럼 생긴 혀로 핥아 먹는다. 딱딱한 딱지날개 속에 뒷날개가 한 쌍 접혀 있는데, 날기도 잘 한다. 밤에 불빛을 보고 날아오기도 한다.

사슴벌레 무리는 대부분 몸집이 크다. 수컷은 사슴뿔처럼 생긴 큰턱을 가진 종들이 많다. 큰턱은 짝짓기를 할 때 암컷을 두고 수컷끼리 싸울 때 쓰일 뿐이고 먹이를 잡거나 씹지를 못한다. 나뭇진을 먹으려고 암컷과 수컷이 모이면 짝짓기를 하려는 수컷끼리 싸움을 벌인다. 큰턱으로 서로를 밀어내거나 들어 올리거나 집어 던지거나 쳐서 떨어뜨리기도 한다. 암컷은 수컷보다 큰턱이 훨씬 작다. 알을 낳으려고 나무껍질을 뜯어내거나 파는 데 쓴다. 짝짓기를 마친 암컷은 썩거나 쓰러진 나무껍질을 큰턱으로 뜯어내고 그 속에 꽁무니를 대고 알을 하나씩 낳는다. 알을 낳으면 나무 부스러기로 알을 덮는다. 나무둥치 밑이나 가랑잎 속에 알을 낳기도 한다. 두 주쯤 지나면 알에서 나온 애벌레가 나온다. 애벌레는 허물을 두세 번쯤 벗고 어른벌레가 될 때까지 썩은 나무를 갉아 먹으며 큰다. 나무껍질 속에서 한 해부터 2~5년까지 겨울을 난다. 여름이 되면 번데기가 되었다가 3주쯤 지나면 어른벌레로 나온다. 홍다리사슴벌레나 넓적사슴벌레, 애사슴벌레는 1~2년을 살고, 왕사슴벌레는 2~3년을 산다. 사슴벌레나 다우리아사슴벌레, 톱사슴벌레는 여름에 잠깐 살다가 죽는다.

찾아보기

학명 찾아보기

우리말 찾아보기

단행본

《갈참나무의 죽음과 곤충 왕국》 정부희, 상상의숲, 2016

《검역해충 분류동정 도해집(딱정벌레목)》 농림축산검역본부, 2018

《곤충 개념 도감》 필통 속 자연과 생태, 2013

《곤충 검색 도감》 한영식, 진선북스, 2013

《곤충 도감 – 세밀화로 그린 보리 큰도감》 김진일 외, 보리, 2019

《곤충 마음 야생화 마음》 정부희, 상상의숲, 2012

《곤충 쉽게 찾기》 김정환, 진선북스, 2012

《곤충, 크게 보고 색다르게 찾자》 김태우, 필통 속 자연과 생태, 2010

《곤충들의 수다》 정부희, 상상의숲, 2015

《곤충분류학》 우건석, 집현사, 2014

《곤충은 대단해》 마루야마 무네토시, 까치, 2015

《곤충의 밥상》 정부희, 상상의숲, 2013

《곤충의 비밀》 이수영, 예림당, 2000

《곤충의 빨간 옷》 정부희, 상상의숲, 2014

《곤충의 유토피아》 정부희, 상상의숲, 2011

《과수병 해충》 농촌진흥청, 1997

《나무와 곤충의 오랜 동행》 정부희, 상상의숲, 2013

《내가 좋아하는 곤충》 김태우, 호박꽃, 2010

《논 생태계 수서무척추동물 도감(증보판)》 농촌진흥청, 2008

《딱정벌레 왕국의 여행자》 한영식, 이승일, 사이언스북스, 2004

《딱정벌레》 박해철, 다른세상, 2006

《딱정벌레의 세계》 아서 브이 에번스, 찰스 엘 벨러미, 까치, 2004

《물속 생물 도감》 권순직, 전영철, 박재흥, 자연과생태, 2013

《미니 가이드 8. 딱정벌레》 박해철 외, 교학사, 2006

《버섯살이 곤충의 사생활》 정부희, 지성사, 2012

《봄, 여름, 가을, 겨울 곤충일기》 이마모리 미스히코, 1999

《사계절 우리 숲에서 만나는 곤충》 정부희, 지성사, 2015

《사슴벌레 도감》김은중, 황정호, 안승락, 자연과생태, 2019

《쉽게 찾는 우리 곤충》김진일, 현암사, 2010

《신 산림해충 도감》국립산림과학원, 2008

《우리 곤충 200가지》국립수목원, 지오북, 2010

《우리 곤충 도감》이수영, 예림당, 2004

《우리 땅 곤충 관찰기 1~4》정부희, 길벗스쿨, 2015

《우리 산에서 만나는 곤충 200가지》국립수목원, 지오북, 2013

《우리 주변에서 쉽게 찾아보는 한국의 곤충》박성준 외, 국립환경과학원, 2012

《우리가 정말 알아야 할 우리 곤충 백가지》김진일, 현암사, 2009

《이름으로 풀어보는 우리나라 곤충 이야기》박해철, 북피아주니어, 2007

《잎벌레 세계》안승락, 자연과 생태, 2013

《전국자연환경조사 데이터북 3권 한국의 동물2(곤충)》강동원 외, 국립생태원, 2017

《조영권이 들려주는 참 쉬운 곤충 이야기》조영권, 철수와영희, 2016

《종의 기원》다윈, 동서문화사, 2009

《주머니 속 곤충 도감》손상봉, 황소걸음, 2013

《주머니 속 딱정벌레 도감》손상봉, 황소걸음, 2009

《하늘소 생태 도감》장현규 외, 지오북, 2015

《하천 생태계와 담수무척추동물》김명철, 천승필, 이존국, 지오북, 2013

《한국 곤충 생태 도감Ⅲ - 딱정벌레목》김진일, 1999

《한국 밤 곤충 도감》백문기, 자연과 생태, 2016

《한국동식물도감 제10권 동물편(곤충류 Ⅱ)》조복성, 문교부, 1969

《한국동식물도감 제30권 동물편(수서곤충류)》윤일병 외, 문교부, 1988

《한국의 곤충 제12권 1호 상기문류》김진일, 환경부 국립생물자원관, 2011

《한국의 곤충 제12권 2호 바구미Ⅰ》홍기정, 박상욱, 한경덕, 국립생물자원관, 2011

《한국의 곤충 제12권 3호 측기문류》김진일, 환경부 국립생물자원관, 2012

《한국의 곤충 제12권 4호 병대벌레류Ⅰ》강태화, 환경부 국립생물자원관, 2012

《한국의 곤충 제12권 5호 거저리류》정부희, 환경부 국립생물자원관, 2012

《한국의 곤충 제12권 6호 잎벌레류(유충)》이종은, 환경부 국립생물자원관, 2012

《한국의 곤충 제12권 7호 바구미류Ⅱ》홍기정 외, 환경부 국립생물자원관, 2012

《한국의 곤충 제12권 8호 바구미류Ⅳ》박상욱 외, 환경부 국립생물자원관, 2012
《한국의 곤충 제12권 9호 거저리류》정부희, 환경부 국립생물자원관, 2012
《한국의 곤충 제12권 10호 비단벌레류》이준구, 안기정, 환경부 국립생물자원관,
　　2012
《한국의 곤충 제12권 11호 바구미류Ⅴ》한경덕 외, 환경부 국립생물자원관, 2013
《한국의 곤충 제12권 12호 거저리류》정부희, 환경부 국립생물자원관, 2013
《한국의 곤충 제12권 13호 딱정벌레류》박종균, 박진영, 환경부 국립생물자원관,
　　2013
《한국의 곤충 제12권 14호 송장벌레》조영복, 환경부, 국립생물자원관, 2013
《한국의 곤충 제12권 21호 네눈반날개아과》김태규, 안기정, 환경부,
　　국립생물자원관, 2015
《한국의 곤충 제12권 26호 수서딱정벌레Ⅱ》이대현, 안기정, 환경부,
　　국립생물자원관, 2019
《한국의 곤충 제12권 27호 거저리상과》정부희, 환경부, 국립생물자원관, 2019
《한국의 곤충 제12권 28호 반날개아과》조영복, 환경부, 국립생물자원관, 2019
《한국의 딱정벌레》김정환, 교학사, 2001
《화살표 곤충 도감》백문기, 자연과 생태, 2016

《原色日本甲虫図鑑 Ⅰ~Ⅳ》保育社, 1985
《原色日本昆虫図鑑 上, 下》保育社, 2008
《日本産カミキリムシ検索図説》大林 延夫, 東海大学出版会, 1992
《日本産コガネムシ上科標準図鑑》荒谷 邦雄, 岡島 秀治, 学研

논문

갈색거저리(Tenebrio molitor L.)의 발육특성 및 육계용 사료화 연구. 구희연,
　　전남대학교, 2014
강원도 백두대간내에 서식하는 지표배회성 딱정벌레의 군집구조와 분포에 관한
　　연구. 박용환, 강원대학교, 2014
골프장에서 주둥무늬차색풍뎅이, Adoretus tenuimaculatus (Coleoptera:

Scarabaeidae)와 기주식물간의 상호관계에 관한 연구. 이동운. 경상대학교. 2000

광릉긴나무좀의 생태적 특성 및 약제방제. 박근호. 충북대학교. 2008

광릉숲에서의 장수하늘소(딱정벌레목: 하늘소과) 서식실태 조사결과 및 보전을
위한 제언. 변봉규 외. 한국응용곤충학회지. 2007

국내 습지와 인근 서식처에서 딱정벌레류(딱정벌레목, 딱정벌레과)의 시공간적
분포양상. 도윤호. 부산대학교. 2011

극동아시아 바수염반날개속 (딱정벌레목: 반날개과: 바수염반날개아과)의 분류학적
연구. 박종석. 충남대학교. 2006

기주식물에 따른 딸기잎벌레(Galerucella grisescens(Joannis))의 생활사 비교.
장석원. 대전대학교. 2002

기주에 따른 팥바구미(Callosobruchus chinensis L.)의 산란 선호성 및 성장.
김슬기. 창원대학교. 2016

꼬마남생이무당벌레(Propylea japonica Thunberg)의 온도별 성충 수명, 산란수
및 두 종 진딧물에 대한 포식량. 박부용, 정인홍, 김길하, 전성욱, 이상구.
한국응용곤충학회지. 2019

꼬마남생이무당벌레[Propylea japonica (Thunberg)]의 온도발육모형. 이상구,
박부용, 전성욱, 정인홍, 박세근, 김정환, 지창우, 이상범. 한국응용곤충학회지.
2017

노란테먼지벌레(Chlaenius inops)의 精子形成에 對한 電子顯微鏡的 觀察. 김희룡.
경북대학교. 1986

노랑무당벌레의 발생기주 및 생물학적 특성. 이영수, 장명준, 이진구, 김준란,
이준호. 한국응용곤충학회지. 2015

노랑무당벌레의 발생기주 및 생물학적 특성. 이영수, 장명준, 이진구, 김준란,
이준호. 한국응용곤충학회지. 2015

녹색콩풍뎅이의 방제에 관한 연구. 이근식. 상주대학교. 2005

농촌 경관에서의 서식처별 딱정벌레 (딱정벌레목: 딱정벌레과) 군집 특성. 강방훈.
서울대학교. 2009

느디나무벼룩바구미(Rhynchaenussanguinipes)의 생태와 방제. 김철수.
한국수목보호연구회. 2005

경남과학기술대학교. 2013

북방수염하늘소의 교미행동. 김주섭. 충북대학교. 2007

뽕나무하늘소 (Apriona germari) 셀룰라제의 분자 특성. 위아동. 동아대학교.
2006

뽕밭에서 월동하는 뽕나무하늘소(Apriona germari Hope)의 생태적 특성. 윤형주
외. 한국응용곤충학회지. 1997

산림생태계내의 한국산 줄범하늘소족 (딱정벌레목: 하늘소과: 하늘소아과)의
분류학적 연구. 한영은. 상지대학교. 2010

상주 도심지의 딱정벌레상과(Caraboidea) 발생상에 관한 연구. 정현석.
상주대학교. 2006

소나무림에서 간벌이 딱정벌레류의 분포에 미치는 영향. 강미영.
경남과학기술대학교. 2013

소나무재선충과 솔수염하늘소의 생태 및 방제물질의 선발과 이용에 관한 연구.
김동수. 경상대학교. 2010

소나무재선충의 매개충인 솔수염하늘소 성충의 우화 생태. 김동수 외.
한국응용곤충학회지. 2003

솔수염하늘소 成蟲의 活動리듬과 소나무材線蟲 防除에 關한 研究. 조형제.
진주산업대학교. 2007

Systematics of the Korean Cantharidae (Coleoptera). 강태화. 성신여자대학교.
2008

알팔파바구미 성충의 밭작물 유식물에 대한 기주선호성. 배순도, 김현주, Bishwo
Prasad Mainali, 윤영남, 이건휘. 한국응용곤충학회지. 2013

애반딧불이(Luciola lateralis)의 서식 및 발생에 미치는 환경 요인. 오홍식.
대전대학교. 2009

외래종 돼지풀잎벌레(Ophrealla communa LeSage)의 국내 발생과 분포현황.
손재천, 안승락, 이종은, 박규택. 한국응용곤충학회지. 2002

우리나라에서 무당벌레(Harmoniaaxyridis Coccinellidae)의 초시무늬의 표현형
변이와 유진적 상관. 서미자, 강은진, 강명기, 이희진 외. 한국응용곤충학회지.
2007

유리알락하늘소를 포함한 14종 하늘소의 새로운 기주식물 보고 및 한국산
　하늘소과[딱정벌레목: 잎벌레상과]의 기주식물 재검토. 임종옥 외.
　한국응용곤충학회지. 2014

유충의 이목 침엽수 종류에 따른 북방수염하늘소의 성장과 발육 및 생식. 심주.
　강원대학교. 2009

일본잎벌레의 분포와 먹이원 분석. 최중윤, 김성기, 권용수, 김남신. 생태와 환경.
　2016

잎벌레과: 딱정벌레목. 이종은, 안승락. 농촌진흥청. 2001

잣나무林의 딱정벌레目과 거미目의 群集構造에 關한 硏究. 김호준. 고려대학교.
　1988

저곡해충편람. 국립농산물검사소. 농림수산식품부. 1993

저장두류에 대한 팥바구미의 산란, 섭식 및 우화에 미치는 온도의 영향. 김규진,
　최현순. 한국식물학회. 1987

제주도 습지내 수서곤충(딱정벌레목) 분포에 관한 연구. 정상배. 제주대학교. 2006

제주 감귤에 발생하는 밑빠진벌레과 종 다양성 및 애넓적밑빠진벌레 개체군 동태.
　장용석. 제주대학교. 2011

제주 교래 곶자왈과 그 인근 지역의 딱정벌레類 분포에 관한 연구. 김승언.
　제주대학교. 2011

제주 한경~안덕 곶자왈에서 함정덫 조사를 통한 지표성 딱정벌레의 종다양성 분석.
　민동원. 제주대학교. 2014

제주도의 먼지벌레 (II). 백종철, 권오균. 한국곤충학회지. 1993

제주도의 먼지벌레 (IV). 백종철. 한국토양동물학회지. 1997

제주도의 먼지벌레 (V). 백종철, 정세호. 한국토양동물학회지. 2003

제주도의 먼지벌레 (VI). 백종철, 정세호. 한국토양동물학회지. 2004

제주도의 먼지벌레. 백종철. 한국곤충학회지. 1988

주요 소똥구리종의 생태: 토양 환경에서의 역할과 구충제에 대한 반응. 방혜선.
　서울대학교. 2005

주황긴다리풍뎅이(Ectinohoplia rufipes: Coleoptera, Scarabaeidae)의 골프장
　기주식물과 방제전략. 최우근. 경상대학교. 2002

진딧물의 포식성 천적 꼬마남생이무당벌레(Propylea japonica Thunberg)
(딱정벌레목: 딱정벌레과)의 생물학적 특성. 이상구. 전북대학교. 2003

진딧물天敵 무당벌레의 分類學的 硏究. 농촌진흥청. 1984

철모깍지벌레(Saissetia coffeae)에 대한 애홍점박이무당벌레(Chilocorus
kuwanae)의 포식능력. 진혜영, 안태현, 이봉우, 전혜정, 이준석, 박종균,
함은혜. 한국응용곤충학회지. 2015

청동방아벌레(Selatosomus puncticollis Motschulsky)의 생태적 특성 및
감자포장내 유충밀도 조사법. 권민, 박천수, 이승환. 한국응용곤충학회. 2004

춘천지역 무당벌레(Harmoniaaxyridis)의 기생곤충. 박해철, 박용철, 홍옥기,
조세열. 한국곤충학회지. 1996

크로바잎벌레의 생활사 조사 및 피해 해석. 최귀문, 안재영. 농촌진흥청. 1972

큰이십팔점박이무당벌레(Henosepilachna vigintioctomaculata
Motschulsky)의 생태적 특성 및 강릉 지역 발생소장. 권민, 김주일, 김점순.
한국응용곤충학회지. 2010

팥바구미(Callosobruchus chinensis) (Coleoptera: Bruchidae) 産卵行動의
生態學的 解析. 천용식. 고려대학교. 1991

한국 남부 표고버섯 및 느타리버섯 재배지에 분포된 해충상에 관한 연구. 김규진,
황창연. 한국응용곤충학회지. 1996

韓國産 Altica屬(딱정벌레目: 잎벌레科: 벼룩잎벌레亞科)의 未成熟段階에 관한
分類學的 硏究. 강미현. 안동대학교. 2013

韓國産 Cryptocephalus屬 (딱정벌레目: 잎벌레科: 통잎벌레亞科) 幼蟲의
分類學的 硏究. 강승호. 안동대학교. 2014

韓國産 거위벌레科(딱정벌레目)의 系統分類 및 生態學的 硏究. 박진영.
안동대학교. 2005

한국산 거저리과의 분류 및 균식성 거저리의 생태 연구. 정부희. 성신여자대학교.
2008

한국산 검정풍뎅이과(딱정벌레목, 풍뎅이상과)의 분류 및 형태 형질에 의한
수염풍뎅이속의 분지분석. 김아영. 성신여자대학교. 2010

한국산 길앞잡이 (딱정벌레목, 딱정벌레과). 김태홍, 백종철, 정규환.

한국산 사슴벌레붙이(딱정벌레목, 사슴벌레붙이과)의 실내발육 특성. 유태희, 김철학, 임종옥, 최익제, 이제현, 변봉규. 한국응용곤충학회 학술대회논문집. 2016

한국산 수시렁이과(딱정벌레목)의 분류학적 연구. 신상언. 성신여자대학교. 2004

한국산 수염잎벌레속(딱정벌레목: 잎벌레과: 잎벌레아과)의 분류 및 생태학적 연구. 조희욱. 안동대학교. 2007

한국산 알물방개아과와 땅콩물방개아과 (딱정벌레목: 물방개과)의 분류학적 연구. 이대현. 충남대학교. 2007

한국산 좀비단벌레족 딱정벌레목 비단벌레과의 분류학적 연구. 김원목. 고려대학교. 2001

한국산 주둥이방아벌레아과 (딱정벌레목: 방아벌레과)의 분류학적 재검토 및 방아벌레과의 분자계통학적 분석. 한태만. 서울대학교. 2013

한국산 줄반날개과(딱정벌레목: 반날개과)의 분류학적 연구. 이승일. 충남대학교. 2007

한국산 톱보잎벌레붙이속(Lagria Fabricius)(딱정벌레목: 거저리과: 잎벌레붙이아과)에 대한 분류학적 연구. 정부희, 김진일. 한국응용곤충학회지. 2009

한국산 하늘소(천우)과 갑충에 관한 분류학적 연구. 조복성. 대한민국학술원논문집. 1961

한국산 하늘소붙이과 딱정벌레목 거저리상과의 분류학적 연구. 유인성. 성신여자대학교. 2006

韓國産 호리비단벌레屬(딱정벌레目 : 비단벌레科: 호리비단벌레亞科)의 分類學的 研究. 이준구. 성신여자대학교. 2007

한국산(韓國産) 먼지벌레 족(4). 문창섭, 백종철. 한국토양동물학회지. 2006

한반도 하늘소과 갑충지. 이승모. 국립과학관. 1987

호두나무잎벌레(Gastrolina deperssa)의 형태적 및 생태학적 특성. 장석준, 박일권. 한국응용곤충학회지. 2011

호두나무잎벌레의 생태적 특성에 관한 연구. 이재현. 강원대학교. 2010

저자 소개

그림

옥영관 서울에서 태어났습니다. 어릴 때 살던 동네는 아직 개발이 되지 않아 둘레에 산과 들판이 많았답니다. 그 속에서 마음껏 뛰어놀면서 늘 여러 가지 생물에 호기심을 가지고 자랐습니다. 홍익대학교 미술대학과 대학원에서 회화를 공부하고 작품 활동과 전시회를 여러 번 열었습니다. 또 8년 동안 방송국 애니메이션 동화를 그리기도 했습니다. 2012년부터 딱정벌레, 나비, 잠자리 도감에 들어갈 그림을 그리고 있습니다. 《세밀화로 그린 보리 어린이 잠자리 도감》, 《잠자리 나들이도감》, 《세밀화로 그린 보리 어린이 나비 도감》, 《세밀화로 그린 보리 어린이 딱정벌레 도감》, 《나비 나들이도감》, 《세밀화로 그린 큰도감 나비도감》, 《세밀화로 그린 정부희 선생님 생태 교실》에 그림을 그렸습니다.

글

강태화 한서대학교 생물학과를 졸업하고, 성신여자대학교 생물학과 대학원에서 《한국산 병대벌레과(딱정벌레목)에 대한 계통분류학적 연구》로 박사 학위를 받았습니다. 지금은 전남생물산업진흥원 친환경농·생명연구센터에서 곤충을 연구하고 있습니다.

김종현 오랫동안 출판사에서 편집자로 일하다 지금은 여러 가지 도감과 그림책, 옛이야기 글을 쓰고 있습니다. 《세밀화로 그린 보리 어린이 바닷물고기 도감》, 《세밀화로 그린 보리 어린이 잠자리 도감》, 《세밀화로 그린 보리 어린이 나비 도감》 같은 책을 편집했고, 《곡식 채소 나들이도감》, 《약초 도감-세밀화로 그린 보리 큰도감》에 글을 썼습니다. 또 만화책 《바다 아이 창대》, 옛이야기 책 《무서운 옛이야기》, 《꾀보 바보 옛이야기》, 《꿀단지 복단지 옛이야기》에 글을 썼습니다.